# BEI GRIN MACHT SICH IHR WISSEN BEZAHLT

- Wir veröffentlichen Ihre Hausarbeit,
  Bachelor- und Masterarbeit

- Ihr eigenes eBook und Buch -
  weltweit in allen wichtigen Shops

- Verdienen Sie an jedem Verkauf

Jetzt bei www.GRIN.com hochladen
und kostenlos publizieren

**Bibliografische Information der Deutschen Nationalbibliothek:**

Die Deutsche Bibliothek verzeichnet diese Publikation in der Deutschen National-
bibliografie; detaillierte bibliografische Daten sind im Internet über http://dnb.d-
nb.de/ abrufbar.

Dieses Werk sowie alle darin enthaltenen einzelnen Beiträge und Abbildungen
sind urheberrechtlich geschützt. Jede Verwertung, die nicht ausdrücklich vom
Urheberrechtsschutz zugelassen ist, bedarf der vorherigen Zustimmung des Verla-
ges. Das gilt insbesondere für Vervielfältigungen, Bearbeitungen, Übersetzungen,
Mikroverfilmungen, Auswertungen durch Datenbanken und für die Einspeicherung
und Verarbeitung in elektronische Systeme. Alle Rechte, auch die des auszugsweisen
Nachdrucks, der fotomechanischen Wiedergabe (einschließlich Mikrokopie) sowie
der Auswertung durch Datenbanken oder ähnliche Einrichtungen, vorbehalten.

**Impressum:**

Copyright © 2015 GRIN Verlag, Open Publishing GmbH
Druck und Bindung: Books on Demand GmbH, Norderstedt Germany
ISBN: 9783656920748

**Dieses Buch bei GRIN:**

https://www.grin.com/document/294256

Erich Bulitta, Hildegard Bulitta

# Nachhilfe Mathematik - Teil 5: Zins- und Promillerechnen

GRIN Verlag

**GRIN - Your knowledge has value**

Der GRIN Verlag publiziert seit 1998 wissenschaftliche Arbeiten von Studenten, Hochschullehrern und anderen Akademikern als eBook und gedrucktes Buch. Die Verlagswebsite www.grin.com ist die ideale Plattform zur Veröffentlichung von Hausarbeiten, Abschlussarbeiten, wissenschaftlichen Aufsätzen, Dissertationen und Fachbüchern.

**Besuchen Sie uns im Internet:**

http://www.grin.com/

http://www.facebook.com/grincom

http://www.twitter.com/grin_com

# Reihe
# Nachhilfe Mathematik

## Teil 5: Zins- und Promillerechnen

## Gesamtband

### Erich und Hildegard Bulitta

Coverbild: © smuki - Fotolia.com

# Vorwort – Teil 5: Zins- und Promillerechnen

## Liebe Schülerinnen und Schüler,
## liebe Eltern, liebe Lehrerinnen und Lehrer!

Die neue Reihe „Nachhilfe – Mathematik" wendet sich an alle Schülerinnen und Schüler, die ihre schulischen Leistungen im Fach Mathematik verbessern und vertiefen wollen, um bessere Noten zu erzielen. Viele Tipps und Erklärungen zu den verschiedenen Aufgabentypen helfen beim Rechnen.

Eltern haben mit diesen pädagogisch erprobten Aufgaben die Möglichkeit, die schulischen Leistungen ihrer Kinder zu verbessern und sie für das Fach Mathematik zu motivieren.

Die Reihe „Nachhilfe – Mathematik" wendet sich auch an Lehrerinnen und Lehrer aller Schularten ab der Grundschule, die die Arbeitsblätter für ihren Einsatz im Unterricht (auch für Vertretungsstunden oder Probearbeiten) einsetzen können. Auf diese Weise brauchen sie sich nicht die Mühe machen, selbst Aufgaben so zusammenzustellen, dass ihre Schülerinnen und Schüler sie auch verstehen und sie ihren Erfolg selbst sehen. Viele Aufgaben sind auch in Prüfungen verwendbar.

Die Seiten sind so gestaltet, dass die Aufgaben direkt bearbeitet werden können. Selbstverständlich können die einzelnen Bände dieser Reihe ganz alleine durchgearbeitet werden, aber besser ist es sicherlich, wenn jemand den Fortschritt kontrolliert. In kleinen Schritten werden die verschiedenen Aufgabentypen erklärt und erarbeitet, so dass es leicht ist, zu verstehen, wie das Zins- und Promillerechnen geht. Die verschiedenen Aufgaben können dann selbst nachvollzogen und angewandt werden. Der Lösungsteil dient der Kontrolle. Im Anhang werden jeweils verschiedene wichtige Grundlagen für das Fach Mathematik angegeben.

Die Reihe „Nachhilfe – Mathematik" ist unabhängig von Jahrgangsstufe, Schulart und Schulbuch und bietet in konzentrierter Form jeweils einen Teilbereich des Faches Mathematik an.
Jeder einzelne Teil der Reihe gliedert sich in zwei Einzelbände (Band 1: Grundkurs und Band 2: Aufbaukurs) und einen Gesamtband, der die beiden Bände 1 und 2 enthält.

**Im Teil 5 dieser Reihe wird das Zins- und Promillerechnen mit und ohne Taschenrechner ausführlich behandelt. Dabei werden die einzelnen Teilgebiete in kleinen Schritten erarbeitet und ausführlich erklärt, um sicher mit Zins- und Promilleaufgaben auch im Alltag und später im Berufsleben umzugehen.**

Zu den einzelnen Teilgebieten gehören: Grundaufgaben mit und ohne Berechnung der Zeit, Rechnen mit den verschiedenen Zinsformeln, Berechnung der Tilgung, Bausparen, Vermischte Aufgaben aus dem Alltag, Sachaufgaben, Grundaufgaben zur Promillerechnung usw.

Somit ergibt sich eine echte Nachhilfe. Die Aufgaben sind so aufgebaut, dass sie alleine und ohne fremde Hilfe gelöst werden können. Die jeweiligen Arbeitshefte sind so angelegt, dass in das Heft geschrieben werden kann.

Ausgehend von „leichten" Aufgaben wird auch an schwierigere Aufgaben und Sachaufgaben herangeführt. Die einzelnen Lösungsschritte werden erklärt und am Ende zeigen die Lösungen, ob richtig gerechnet worden ist.

Zum Schluss noch ein Tipp: Arbeite das Heft sorgfältig durch, dann bekommst du die Sicherheit, die du für das Fach Mathematik und diesen Teilbereich brauchst. Wir wünschen dir viel Spaß dabei.

Empfehle diese Reihe auch deinen Mitschülerinnen und Mitschülern, die Schwierigkeiten im Fach Mathematik haben und sich verbessern wollen. Den QR-Code kannst du ruhig verschicken.

# Die Reihe Nachhilfe – Mathematik

**Teil 1:** **Grundrechnungsarten und Zahlenraum bis zur Billion**

**Teil 2:** **Bruchrechnen und Dezimalzahlen**

**Teil 3:** **Gleichungen**

**Teil 4:** **Prozentrechnen**

**Teil 5:** **Zins- und Promillerechnen**

**Teil 6:** **Übungsbuch zur gezielten Vorbereitung auf Abschlussprüfungen – Kopiervorlagen**

Folgt dem QR-Code zu allen bereits veröffentlichten Bänden der Reihe „Nachhilfe Mathematik":
https://www.grin.com/profile/1095312/#documents

# Inhalt – Zins- und Promillerechnen

# 1. Grundaufgaben zur Zinsrechnung ohne Berechnung der Zeit

## Grundaufgaben

**Zu Beginn gleich einige Tipps:**

Die Zinsrechnung ist die Fortführung und gleichzeitig die Anwendung des Prozentrechnens. Die Begriffe des Prozentrechnens werden so ähnlich auch beim Zinsrechnen verwendet.

Zinssätze ändern sich im Laufe der Zeit. Deshalb kann es durchaus möglich sein, dass die aktuellen Zinssätze anders sind. Das ändert allerdings nichts an dem Rechenweg.

**Es gilt:**

**Prozentrechnen:**

Grundwert (100 %)
Prozentwert
Prozentsatz

**Zinsrechnen:**

Kapital oder Darlehen (100 %)
Zinsen
Zinssatz oder Zinsfuß
Zeit

**Tipp:** Beim Zinsrechnen kommt also noch der Faktor „Zeit" hinzu.

Der Zinssatz bezieht sich immer auf ein Jahr. Die Zinsen werden zum Ende eines Jahres berechnet.

## Jahreszinsen berechnen

**Beispiel:** Jasmin hat auf ihrem Sparbuch 720 €. Die Bank gewährt 1,5 % Zinsen. Wie viel Zinsen erhält sie nach einem Jahr?

**geg.:** Kapital: 720 €          **ges.:** Jahreszinsen
Zinssatz: 1,5 %

100 % = 720
  1 % = 7,2
1,5 % = 7,2 • 1,5 = **10,80 [€]**

*1. Berechne die Jahreszinsen. Rechne wie im Beispiel. Runde sinnvoll.*

a) Kapital: 480 €          b) Darlehen: 20 500 €
Zinssatz: 2,2 %               Zinssatz: 4,3 %

_____          _____

_____          _____

_____          _____

c) Kapital: 930 €
   Zinssatz: 2,5 %

_____

_____

_____

d) Darlehen: 45 300 €
   Zinssatz: 3,35 %

_____

_____

_____

e) Kapital: 125,30 €
   Zinssatz: 1,7 %

_____

_____

_____

f) Darlehen: 145 000 €
   Zinssatz: 3,2 %

_____

_____

_____

g) Kapital: 930 €
   Zinssatz: 3,1 %

_____

_____

_____

h) Darlehen: 75 630 €
   Zinssatz: 2,25 %

_____

_____

_____

i) Kapital: 3 590 €
   Zinssatz: 2,1 %

_____

_____

_____

j) Darlehen: 34 556 €
   Zinssatz: 3,15 %

_____

_____

_____

k) Kapital: 3 621,54 €
   Zinssatz: 4,6 %

_____

_____

_____

l) Darlehen: 56 490 €
   Zinssatz: 1,45 %

_____

_____

_____

m) Kapital: 43,24 €
   Zinssatz: 2,4 %

_____

_____

_____

n) Darlehen: 375 290 €
   Zinssatz: 5,6 %

_____

_____

_____

*2. Rechne die folgenden Aufgaben mit dem Taschenrechner. Runde sinnvoll.*

| So tippst du in den Taschenrechner: **Kapital · Zinssatz %** |
| --- |

a) Kapital: 945,76 €
   Zinssatz: 3,5 %

_____

b) Darlehen: 19 450 €
   Zinssatz: 5,45 %

_____

c) Kapital: 645,89 €
   Zinssatz: 2,6 %

_____

d) Darlehen: 76 953 €
   Zinssatz: 6,33 %

_____

e) Kapital: 81,56 €
   Zinssatz: 1,75 %

_____

f) Darlehen: 234 600 €
   Zinssatz: 6,03 %

_____

g) Kapital: 48,76 €
   Zinssatz: 3,34 %

_____

h) Darlehen: 156 790 €
   Zinssatz: 2,87 %

_____

## Kapital / Darlehen berechnen

| **Merke dir:** |
| --- |
| **Kapital** ist das Guthaben, das ein Sparer bei der Bank hat. Dafür erhält er **Zinsen**. |
| **Darlehen** ist das Geld, das die Bank verleiht. Dafür **zahlt der Kunde Zinsen** an die Bank. |
| **Tilgung** ist die **Rückzahlung des geliehenen Geldes** an die Bank. Sie erfolgt meistens monatlich. |

**Beispiel:** Familie Mehrling hat für den Hausbau ein Darlehen aufgenommen. Die Bank verlangt 7,5 % Zinsen. Nach einem Jahr zahlt die Familie 11 250 € Zinsen an die Bank. Wie hoch ist das Darlehen?

**geg.:** Zinsen: 11 250 €
        Zinssatz: 7,5 %

**ges.:** Darlehen

7,5 % = 11 250
   1 % = 11 250 : 7,5 = 1 500
100 % = 1 500 · 100 = **150 000 [€]**

*1. Berechne das Kapital bzw. das Darlehen. Rechne wie im Beispiel. Runde sinnvoll.*

a) Zinsen: 10 €
   Zinssatz: 4 %

_____

_____

_____

b) Zinsen: 14 250 €
   Zinssatz: 7,5 %

_____

_____

_____

c) Zinsen: 100 €
   Zinssatz: 1,38 %

_____

_____

_____

d) Zinsen: 7 200 €
   Zinssatz: 5 %

_____

_____

_____

e) Zinsen: 72 €
   Zinssatz: 1,8 %

_____

_____

_____

f) Zinsen: 4 866 €
   Zinssatz: 6 %

_____

_____

_____

g) Zinsen: 930 €
   Zinssatz: 3,1 %

_____

_____

_____

h) Zinsen: 671 €
   Zinssatz: 3,05 %

_____

_____

_____

i) Zinsen: 313,60 €
   Zinssatz: 1,8 %

_____

_____

_____

j) Zinsen: 1 995 €
   Zinssatz: 2,7 %

_____

_____

_____

k) Zinsen: 127,50 €
   Zinssatz: 3,13 %

_____

_____

_____

l) Zinsen: 1 391,25 €
   Zinssatz: 1,75 %

_____

_____

_____

*2. Rechne die folgenden Aufgaben mit dem Taschenrechner. Runde sinnvoll*

**So tippst du in den Taschenrechner: Zinsen ÷ Zinssatz %**

a) Zinsen: 302,85 €
Zinssatz: 2,73 %

b) Zinsen: 626,75 €
Zinssatz: 1,95 %

c) Zinsen: 24,05 €
Zinssatz: 1,81 %

d) Zinsen: 29 475 €
Zinssatz: 3,6 %

e) Zinsen: 32,94 €
Zinssatz: 7,32 %

f) Zinsen: 412,50 €
Zinssatz: 3,11 %

g) Zinsen: 12,14 €
Zinssatz: 2,07 %

h) Zinsen: 298,65 €
Zinssatz: 1,05 %

i) Zinsen: 13,78 €
Zinssatz: 2,65 %

j) Zinsen: 680 €
Zinssatz: 1,35 %

k) Zinsen: 59,80 €
Zinssatz: 2,6 %

l) Zinsen: 5,25 €
Zinssatz: 4,45 %

m) Zinsen: 1,23 €
Zinssatz: 1,5 %

n) Zinsen: 3 744 €
Zinssatz: 3,8 %

o) Zinsen: 579,70 €
Zinssatz: 7,9 %

p) Zinsen: 26 140 €
Zinssatz: 3,8 %

q) Zinsen: 45,76 €
Zinssatz: 9 %

r) Zinsen: 10 199 €
Zinssatz: 8,75 %

# Berechnung des Zinssatzes (= Zinsfuß)

**Merke dir:** Der **Zinssatz** wird auch **Zinsfuß** genannt.

**Beispiel:** Für ein Bankguthaben von 4 520 € erhält ein Sparer jährlich 122,04 € Zinsen. Wie hoch ist der Zinssatz?

**geg.:** Kapital: 4 520 €
 Zinsen: 122,04 €

**ges.:** Zinssatz

100 % = 4 520
 1 % = 45,20
122,04 : 45,20 = **2,7 [%]**

*1. Berechne den Zinssatz. Rechne wie im Beispiel. Runde sinnvoll.*

a) Kapital: 425 €
 Zinsen: 13,60 €

b) Darlehen: 125 500 €
 Zinsen: 7 655,50 €

c) Kapital: 25 €
 Zinsen: 0,35 €

d) Darlehen: 4 900 €
 Zinsen: 38,22 €

e) Kapital: 81,50 €
 Zinsen: 1,63 €

f) Darlehen: 3 150 €
 Zinsen: 86,65 €

g) Kapital: 6 250 €
 Zinsen: 281,25 €

h) Darlehen: 17 500 €
 Zinsen: 169,75 €

i) Kapital: 435,50 €
   Zinsen: 17,42 €

_____

_____

_____

j) Darlehen: 5 500 €
   Zinsen: 57,75 €

_____

_____

_____

k) Kapital: 5 390 €
   Zinsen: 91,63 €

_____

_____

_____

l) Darlehen: 84 500 €
   Zinsen: 929,50 €

_____

_____

_____

m) Kapital: 4,50 €
   Zinsen: 0,09 €

_____

_____

_____

n) Darlehen: 4 250 €
   Zinsen: 119 €

_____

_____

_____

*2. Rechne die folgenden Aufgaben mit dem Taschenrechner.*

**So tippst du in den Taschenrechner: Zinsen ÷ Kapital %**

a) Kapital: 784 €
   Zinsen: 19,60 €

_____

b) Darlehen: 103 500 €
   Zinsen: 6 458,40 €

_____

c) Kapital: 38,50 €
   Zinsen: 0,50 €

_____

d) Darlehen: 23 600 €
   Zinsen: 1 045,48 €

_____

e) Kapital: 96,50 €
   Zinsen: 3,86 €

_____

f) Darlehen: 59 900 €
   Zinsen: 2 515,80 €

_____

g) Kapital: 925 €
   Zinsen: 14,80 €

_____

h) Darlehen: 29 400 €
   Zinsen: 1 330,35 €

_____

i) Kapital: 7 400 €
   Zinsen: 111 €

_____

j) Darlehen: 63 600 €
   Zinsen: 1 431 €

_____

k) Kapital: 24 500 €
   Zinsen: 1 347,50 €

_____

l) Darlehen: 640 €
   Zinsen: 22,40 €

_____

## Vermischte Aufgaben in kleinen Schritten lösen

*1. Berechne die fehlenden Werte in der Tabelle. Schreibe wie in den Beispielen. Runde sinnvoll*

|          | a)       | b)       | c)      | d)      | e)      | f)       | g)       |
|----------|----------|----------|---------|---------|---------|----------|----------|
| Kapital  | ?        | 4 940 €  | 9 500 € | ?       | 84,30 € | 255,50 € | ?        |
| Zinsen   | 340,40 € | 123,50 € | ?       | 2 064 € | 1,60 €  | ?        | 21 210 € |
| Zinssatz | 4 %      | ?        | 3,75 %  | 4,8 %   | ?       | 4 %      | 3,5 %    |

a) _____

_____

_____

b) _____

_____

_____

c) _____

_____

_____

d) _____

_____

_____

e) _____

_____

_____

f) _____

_____

_____

g) _____

_____

_____

*2. Berechne die fehlenden Werte in der Tabelle. Rechne nur mit dem Taschenrechner.*
*Schreibe aber auf, was du eintippst. Runde sinnvoll.*

| | a) | b) | c) | d) | e) | f) | g) |
|---|---|---|---|---|---|---|---|
| Kapital | ? | 8 050 € | 6 320 € | ? | 13 900 € | 480,30 € | ? |
| Zinsen | 32,52 € | 289,80 € | ? | 15 750 € | 396,15 € | ? | 435,20 € |
| Zinssatz | 3,2 % | ? | 0,75 % | 4,5 % | ? | 2,35 % | 1,75 % |

a) _____   b) _____

c) _____   d) _____

e) _____   f) _____

g) _____

*3. Familie Schirmer kauft ein Haus für 475 000 €. Von der Kaufsumme hat sie*
*ein Viertel gespart. Den Rest nimmt sie zu 3,75 % bei der Bank auf.*
*a) Wie viel Zinsen sind nach einem Jahr fällig?*
*b) Als Tilgung zahlt sie 1,5 % der Darlehenssumme. Wie viel ist das in einem Jahr?*

**Wir wissen:** _____

_____

**Wir fragen:** _____

**Wir rechnen:**   Darlehenssumme:        Jahreszinsen:        Tilgung:

**Wir antworten:** _____

*4. Wie hoch ist der Kredit, den ein Kleinunternehmer aufgenommen hat, wenn bei einem*
*Zinssatz von 1,25 % in einem Jahr 2 562,50 € Zinsen anfallen?*

**Wir wissen:** _____

_____

**Wir fragen:** _____

**Wir rechnen:**

**Wir antworten:** _____

5. Petra hat 1 200 € auf ihrem Sparbuch. Nach einem Jahr erhält sie 27,60 € Zinsen. Welchen Zinssatz gewährt die Bank?

**Wir wissen:** _____

_____

**Wir fragen:** _____

**Wir rechnen:**

**Wir antworten:** _____

6. Klaus hat zu seiner Konfirmation Geld erhalten. 1 500 € möchte er auf der Bank anlegen. Er vergleicht zwei Angebote:
Die Sparkasse gewährt 2,75 % Zinsen. Bei der Volksbank erhält er nach einem Jahr 43,50 € Zinsen. Welche Bank soll erwählen?

**Wir wissen:** _____

_____

**Wir fragen:** _____

**Wir rechnen:** Zinsen bei der Sparkasse:      oder:      Zinssatz bei der Volksbank:

**Wir antworten:** _____

_____

7. *Herr Schulz möchte sich ein Auto kaufen. Der Kaufpreis beträgt 36 500 €. Er muss zwischenfinanzieren: von einem Freund erhält er 10 000 € zu 3 %; den Rest nimmt er als Kredit bei der Bank zu 6,7 % auf.*
*a) Wie viel Zinsen muss er seinem Freund und wie viel an die Bank zahlen?*
*b) Um wie viel verteuert sich dadurch der Anschaffungspreis (in € und Prozent)?*

**Wir wissen:** _____

_____

**Wir fragen:** _____

**Wir rechnen:** Zinsen an den Freund:          Zinsen an die Bank:

Verteuerung in €:          Verteuerung in %:

**Wir antworten:** _____

8. *Klaus leiht sich von einem guten Freund 50 € und zahlt nach einem Jahr 75 € zurück. Welchen Zinssatz hat dieser Freund verlangt? Was meinst du dazu?*

**Wir wissen:** _____

_____

**Wir fragen:** _____

**Wir rechnen:**

**Wir antworten:** _____

9. Der Almbauer König leiht sich von seinem Nachbarn 1 000 € und verspricht als Zinsen im Jahr 360 Liter Milch zu liefern. Der Wert eines Liters Milch beträgt 0,35 €. Welchem Zinssatz entspricht das?

**Wir wissen:** _____

_____

**Wir fragen:** _____

**Wir rechnen:**          Wert der Milch:                    Zinssatzberechnung:

**Wir antworten:** _____

10. Für den Bau einen Wintergartens benötigt Familie Krausig einen Kredit in Höhe von 7 500 €. Sie zahlt ihn nach einem Jahr zurück. Die Bank erhält insgesamt 7 710 €. Welcher Zinssatz war vereinbart worden?

**Wir wissen:** _____

_____

**Wir fragen:** _____

**Wir rechnen:**          Berechnung der Zinsen:                    Berechnung des Zinssatzes:

**Wir antworten:** _____

11. Heiko zahlt am Jahresanfang einen Betrag auf sein Sparbuch ein und erhält nach einem Jahr bei einem Zinssatz von 1,65 % Zinsen in Höhe von 28,05 €. Welchen Betrag zahlte er ein?

**Wir wissen:** _____

_____

**Wir fragen:** _____

**Wir rechnen:**

**Wir antworten:** _____

12. Peter hat auf seinem Sparbuch 4 500 € gespart. Er möchte sich neue Lautsprecherboxen im Wert von 525 € kaufen. Von seinen Eltern erhält er die Hälfte dazu. Wie viel muss er selber dazulegen, wenn er zur Finanzierung die Zinsen (3,5 %) seines Sparbuches dazu verwenden will?

**Wir wissen:** _____

_____

**Wir fragen:** _____

**Wir rechnen:**          Zinsen:                    fehlender Betrag:

**Wir antworten:** _____

_____

*13. Drei Banken bieten an:*

*Bank A: Darlehenshöhe 50 000 €; Zinssatz 4,1 %.*
*Bank B: Darlehenshöhe 75 000 €; Zinsen nach einem Jahr: 2 925 €.*
*Bank C: Darlehenshöhe: 30 000 €; Rückzahlung nach einem Jahr: insgesamt 31 200 €.*
*Herr Bröllig benötigt 25 000 €.*
*a) Wie viel Zinsen müsste er bei jeder Bank bezahlen?*
*b) Zu welcher Bank geht er wohl?*

**Wir wissen:** _____

_____

**Wir fragen:** _____

**Wir rechnen:**   Zinsen bei Bank A:   Zinssatz bei Bank B:   Zinsen bei Bank B:

Zinssatz bei Bank C:   Zinsen bei Bank C:

**Wir antworten:** _____

_____

_____

_____

_____

# 2. Grundaufgaben zur Zinsrechnung mit Berechnung der Zeit

## Berechnung der Monatszinsen

**Einige Tipps gleich zu Beginn:**

**Tipp:** Berechne immer erst die Jahreszinsen!
**Tipp:** Das Zinsjahr hat immer 360 Tage.
**Tipp:** Der Zinsmonat hat immer 30 Tage.

**Beispiel:** Dirk hat auf seinem Sparbuch 460 €.
Wie viel Zinsen erhält er bei 3,5 % nach 5 Monaten?

**geg.:** Kapital: 460 €           **ges.:** Zinsen
Zinssatz: 3,5 %
Zeit: 5 Monate

Jahreszinsen: 100 % = 460          Zinsen für einen Monat: 16,10 ÷ 12 ≈ 1,34
                1 % = 4,6          Zinsen für 5 Monate: 1,34 • 5 = **6,70 [€]**
              3,5 % = 4,6 • 3,5 = 16,10

oder: Zinsen für 5 Monate: 16,10 ÷ 12 • 5 = **6,70 [€]**

*1. Berechne die Zinsen für den angegebenen Zeitraum.*
*Rechne wie im Beispiel und runde sinnvoll.*

a) Kapital: 610 €                  b) Darlehen: 250 000 €
   Zinssatz: 3,5 %                    Zinssatz: 4,1 %
   Zeit: 4 Monate                     Zeit: 7 Monate

_____            _____

_____            _____

_____            _____

_____            _____

c) Kapital: 1 500 €                d) Darlehen: 139 000 €
   Zinssatz: 2,25 %                   Zinssatz: 1,7 %
   Zeit: 2 Monate                     Zeit: 8 Monate

_____            _____

_____            _____

_____            _____

_____            _____

e) Kapital: 3 500 €
   Zinssatz: 4,3 %
   Zeit: 6 Monate

_____

_____

_____

_____

f) Darlehen: 40 000 €
   Zinssatz: 2,75 %
   Zeit: 10 Monate

_____

_____

_____

_____

g) Kapital: 46 000 €
   Zinssatz: 4,5 %
   Zeit: 7 Monate

_____

_____

_____

_____

h) Darlehen: 16 320 €
   Zinssatz: 1,75 %
   Zeit: 17 Monate

_____

_____

_____

_____

## 2. Rechne die folgenden Aufgaben mit dem Taschenrechner.

**So tippst du in den Taschenrechner:**

**Kapital • Zinssatz % ÷ 12 • Anzahl der Monate**

a) Kapital: 8 500 €
   Zinssatz: 4,2 %
   Zeit: 3 Monate

_____

b) Darlehen: 175 500 €
   Zinssatz: 3,6 %
   Zeit: 11 Monate

_____

c) Kapital: 6 420 €
   Zinssatz: 4,2 %
   Zeit: 7 Monate

_____

d) Darlehen: 350 500 €
   Zinssatz: 2,7 %
   Zeit: 5 Monate

_____

e) Kapital: 945,76 €
   Zinssatz: 3,5 %
   Zeit: 9 Monate

_____

f) Darlehen: 19 450 €
   Zinssatz: 5,45 %
   Zeit: 1 Monat

_____

g) Kapital: 345,80 €
   Zinssatz: 2,6 %
   Zeit: 170 Tage

_____

h) Darlehen: 84 550 €
   Zinssatz: 2,65 %
   Zeit: 230 Tage

_____

# Berechnung der Tageszinsen

**Beispiel:** Max hat auf seinem Sparbuch 1 200 €. Wie viel Zinsen erhält er bei 2,25 % nach 50 Tagen?

**geg.:** Kapital: 1 200 €          **ges.:** Zinsen
Zinssatz: 2,25 %
Zeit: 50 Tage

Jahreszinsen: 100 % = 1 200          Zinsen für einen Tag: 27 : 360 = 0,075
              1 % = 12          Zinsen für 50 Tage: 0,075 • 50 = **3,75 [€]**
       2,25 % = 12 • 2,25 = 27

**Berechnung der Zinsen für 50 Tage mit dem Taschenrechner:** 27 ÷ 360 • 50 = **3,75 [€]**

*1. Berechne die Zinsen für den angegebenen Zeitraum. Rechne wie im Beispiel und runde sinnvoll.*

a) Kapital: 970 €
   Zinssatz: 2,4 %
   Zeit: 110 Tage

b) Darlehen: 46 000 €
   Zinssatz: 5,8 %
   Zeit: 85 Tage

_____

_____

_____

_____

c) Kapital: 2 400 €
   Zinssatz: 3,7 %
   Zeit: 80 Tage

d) Darlehen: 127 500 €
   Zinssatz: 4,3 %
   Zeit: 280 Tage

_____

_____

_____

_____

e) Kapital: 46,50 €
   Zinssatz: 1,5 %
   Zeit: 300 Tage

f) Darlehen: 75 600 €
   Zinssatz: 5,75 %
   Zeit: 290 Tage

_____

_____

_____

_____

*2. Rechne die folgenden Aufgaben mit dem Taschenrechner.*

| **So tippst du in den Taschenrechner: Kapital · Zinssatz % ÷ 360 · Anzahl der Tage** |

a) Kapital: 7 695 €
   Zinssatz: 3,98 %
   Zeit: 315 Tage

b) Darlehen: 59 800 €
   Zinssatz: 4,42 %
   Zeit: 95 Tage

_____

_____

c) Kapital: 20 500 €
   Zinssatz: 3,5 %
   Zeit: 420 Tage

d) Darlehen: 31 250 €
   Zinssatz: 2,93 %
   Zeit: 125 Tage

_____

_____

e) Kapital: 8 450 €
   Zinssatz: 2,76 %
   Zeit: 140 Tage

f) Darlehen: 54 975 €
   Zinssatz: 3,65 %
   Zeit: 65 Tage

_____

_____

# Berechnung des Kapitals / Darlehens (= Kredit)

| **Tipp:** Berechne immer erst die Jahreszinsen! |

*1. Beispiel:* Familie Knappes hat für einen Autokauf einen Kleinkredit aufgenommen. Sie zahlt bei einem Zinssatz von 6 % nach 7 Monaten 875 € Zinsen. Wie hoch war der Kredit?

**geg.:** Zinsen: 875 €          **ges.:** Kredit
         Zinssatz: 6 %
         Zeit: 7 Monate

Jahreszinsen: 875 : 7 · 12 = 1 500 [€]

   6 % = 1 500
   1 % = 1 500 : 6 = 250
 100 % = 250 · 100 = **25 000 [€]**

*2. Beispiel:* Petra hat Geld gespart und erhält nach 200 Tagen 45 € Zinsen. Der Zinssatz beträgt 3 %. Wie viel Geld hat sie auf dem Sparbuch?

**geg.:** Zinsen: 45 €          **ges.:** Guthaben
         Zinssatz: 3 %
         Zeit: 200 Tage

Jahreszinsen: 45 : 200 · 360 = 81 [€]

   3 % = 81
   1 % = 81 : 3 = 27
 100 % = 27 · 100 = **2 700 [€]**

*1. Berechne das Kapital bzw. das Darlehen. Rechne wie im Beispiel und runde sinnvoll.*

a) Zinsen: 480 €
   Zinssatz: 4,1 %
   Zeit: 4 Monate

   Jahreszinsen

   _____

   _____

   _____

   _____

b) Zinsen: 336 €
   Zinssatz: 3,96 %
   Zeit: 7 Monate

   Jahreszinsen

   _____

   _____

   _____

   _____

c) Zinsen: 50,50 €
   Zinssatz: 1,01 %
   Zeit: 2 Monate

   Jahreszinsen

   _____

   _____

   _____

   _____

d) Zinsen: 1 200 €
   Zinssatz: 2,9 %
   Zeit: 8 Monate

   Jahreszinsen

   _____

   _____

   _____

   _____

e) Zinsen: 147 €
   Zinssatz: 1,4 %
   Zeit: 140 Tage

   Jahreszinsen

   _____

   _____

   _____

   _____

f) Zinsen: 3 564 €
   Zinssatz: 4,55 %
   Zeit: 330 Tage

   Jahreszinsen

   _____

   _____

   _____

   _____

g) Zinsen: 350,20 €
   Zinssatz: 4 %
   Zeit: 125 Tage

   Jahreszinsen

   _____

   _____

   _____

   _____

h) Zinsen: 598,50 €
   Zinssatz: 3,8 %
   Zeit: 190 Tage

   Jahreszinsen

   _____

   _____

   _____

   _____

*2. Rechne die folgenden Aufgaben mit dem Taschenrechner.*

**So tippst du in den Taschenrechner: Zinsen ÷ Zeit • 12 ÷ Zinssatz %**

a) Zinsen: 898,33 €
Zinssatz: 5,6 %
Zeit: 5 Monate

b) Zinsen: 378,80 €
Zinssatz: 3,5 %
Zeit: 2 Monate

c) Zinsen: 610,30 €
Zinssatz: 4,2 %
Zeit: 8 Monate

d) Zinsen: 84,70 €
Zinssatz: 2,5 %
Zeit: 7 Monate

e) Zinsen: 9 500 €
Zinssatz: 3,75 %
Zeit: 16 Monate

f) Zinsen: 564,90 €
Zinssatz: 3,31 %
Zeit: 10 Monate

*3. Rechne auch die folgenden Aufgaben mit dem Taschenrechner und runde sinnvoll.*

**So tippst du in den Taschenrechner: Zinsen ÷ Zeit • 360 ÷ Zinssatz %**

a) Zinsen: 610,20 €
Zinssatz: 2,71 %
Zeit: 320 Tage

b) Zinsen: 13 600 €
Zinssatz: 2,5 %
Zeit: 420 Tage

c) Zinsen: 190,45 €
Zinssatz: 1,43 %
Zeit: 110 Tage

d) Zinsen: 23,50 €
Zinssatz: 2,4 %
Zeit: 35 Tage

e) Zinsen: 2 400 €
Zinssatz: 5 %
Zeit: 95 Tage

f) Zinsen: 185,90 €
Zinssatz: 4,2 %
Zeit: 225 Tage

# Berechnung des Zinssatzes (= Zinsfuß)

**1. Beispiel:** Stefan hat 2 400 € auf dem Sparbuch. Nach 7 Monaten erhält er 35 € Zinsen. Welchen Zinssatz gewährt die Bank?

**geg.:** Kapital: 2 400 €
   Zinsen: 35 €
   Zeit: 7 Monate

**ges.:** Zinssatz

Jahreszinsen: 35 : 7 • 12 = 60 [€]

 100 % = 2 400
  1 % = 24
60 : 24 = **2,5 [ %]**

**2. Beispiel:** Autohaus Reuter gewährt einen Kredit in Höhe von 24 000 €. Der Kunde zahlt nach 310 Tagen insgesamt 25 240 € zurück. Welcher Zinssatz wurde vereinbart?

**geg.:** Kredit: 24 000 €
   Zinsen: 25 240 € – 24 000 € = 1 240 €
   Zeit: 310 Tage

**ges.:** Zinssatz

Jahreszinsen: 1 240 : 310 • 360 = 1 440 €

100 % = 24 000
 1 % = 240
1 440 : 240 = **6 [%]**

*1. Berechne den Zinssatz und runde sinnvoll. Rechne wie im Beispiel.*

a) Kapital: 480 €
 Zinsen: 4,80 €
 Zeit: 4 Monate

 Jahreszinsen _____

 _____

 _____

 _____

b) Darlehen: 3 360 €
 Zinsen: 88,20 €
 Zeit: 9 Monate

 Jahreszinsen _____

 _____

 _____

 _____

c) Kapital: 5 050 €
 Zinsen: 50,50 €
 Zeit: 2 Monate

 Jahreszinsen _____

 _____

 _____

 _____

d) Darlehen: 240 000 €
 Zinsen: 17 600 €
 Zeit: 16 Monate

 Jahreszinsen _____

 _____

 _____

 _____

e) Kapital: 147,50 €
   Zinsen:  0,80 €
   Zeit: 140 Tage


   Jahreszinsen _____

   _____

   _____

   _____

f) Darlehen: 35 640 €
   Zinsen: 1 560 €
   Zeit: 330 Tage


   Jahreszinsen _____

   _____

   _____

   _____

g) Kapital: 3 500 €
   Zinsen:  48,61 €
   Zeit: 125 Tage


   Jahreszinsen _____

   _____

   _____

   _____

   _____

h) Darlehen: 59 850 €
   Zinsen: 1 579,38 €
   Zeit: 190 Tage


   Jahreszinsen _____

   _____

   _____

   _____

   _____

*2. Rechne die folgenden Aufgaben mit dem Taschenrechner.*

**So tippst du in den Taschenrechner: Zinsen ÷ Zeit • 12 ÷ Kapital %**

a) Kapital: 8 980 €
   Zinsen: 224,50 €
   Zeit: 5 Monate

   _____

b) Darlehen: 37 880 €
   Zinsen: 265,16 €
   Zeit: 2 Monate

   _____

c) Kapital: 6 103 €
   Zinsen: 152,58 €
   Zeit: 8 Monate

   _____

d) Darlehen: 84 700 €
   Zinsen: 1 679,88 €
   Zeit: 7 Monate

   _____

e) Kapital: 9 500 €
   Zinsen: 291,33 €
   Zeit: 16 Monate

   _____

f) Darlehen: 56 490 €
   Zinsen: 4 236,75 €
   Zeit: 10 Monate

   _____

*3. Rechne die folgenden Aufgaben mit dem Taschenrechner.*

| So tippst du in den Taschenrechner: Zinsen ÷ Zeit • 360 ÷ Kapital % |
|---|

a) Kapital: 61 020 €
   Zinsen: 2 712 €
   Zeit: 320 Tage

_____

b) Darlehen: 13 600 €
   Zinsen: 618,80 €
   Zeit: 420 Tage

_____

c) Kapital: 19 000 €
   Zinsen: 319,31 €
   Zeit: 110 Tage

_____

d) Darlehen: 235 000 €
   Zinsen: 1 485 €
   Zeit: 35 Tage

_____

e) Kapital: 1 904,50 €
   Zinsen: 17,20 €
   Zeit: 130 Tage

_____

f) Darlehen: 155 500 €
   Zinsen: 1 053,51 €
   Zeit: 90 Tage

_____

# Berechnung der Zeit

**1. Beispiel:** Familie Kleinreich erhält für ihr Sparguthaben in Höhe von 4 800 € bei einem Zinssatz von 3,5 % 70 € Zinsen. Wie viele Monate hatte sie das Geld angelegt?

**geg.:** Kapital: 4 800 €          **ges.:** Zeit
          Zinssatz: 3,5 %
          Zinsen: 70 €

100 % = 4 800
  1 % = 48
3,5 % = 48 • 3,5 = 168 [€] (= Jahreszinsen)
168 : 12 = 14 [€] (Zinsen für 1 Monat)
70 : 14 = **5 [Monate]**

**2. Beispiel:** Herr Schneuzig lieh sich bei der Bank 125 000 €. Die Bank verlangt 5,5 % Zinsen. Herr Schneuzig musste 5 157 € Zinsen zahlen. Für welchen Zeitraum sind diese Zinsen angefallen?

**geg.:** Darlehen: 125 000 €          **ges.:** Zeit
          Zinssatz: 5,5 %
          Zinsen: 5157 €

100 % = 125 000
  1 % = 12 500
5,5 % = 1 250 • 5,5 = 6 875 [€] (= Jahreszinsen)
6 875 : 360 ≈ 19,10 [€] (Zinsen für 1 Tag)
5 157 : 19,10 = **270 [Tage]**

1. Berechne die Zeit. Du kannst wahlweise mit Monaten oder Tagen rechnen.
   Schreibe wie in den Beispielen.

|  | a) | b) | c) | d) | e) |
|---|---|---|---|---|---|
| Kapital / Darlehen | 15 000 € | 48 500 € | 3 500 € | 6 450 € | 429,50 € |
| Zinssatz | 5 % | 2,9 % | 4 % | 5,5 % | 3,15 % |
| Zinsen | 437,50 € | 472,88 € | 70 € | 147,82 € | 19,92 € |

|  | f) | g) | h) | i) | j) |
|---|---|---|---|---|---|
| Kapital / Darlehen | 1 500 € | 950,90 € | 442,70 € | 17 500 € | 10 120 € |
| Zinssatz | 3 % | 6 % | 4 % | 2,5 % | 3,1 % |
| Zinsen | 26,25 € | 21,40 € | 9,91€ | 303,82 € | 392,15 € |

a) _____

b) _____

c) _____

d) _____

e) _____

f) _____

g) _____

h) _____

i) _____

j) _____

2. Berechne die fehlenden Werte in der Tabelle. Runde, wenn nötig.

| | a) | b) | c) | d) | e) |
|---|---|---|---|---|---|
| Kapital / Darlehen | ? | 4 275 € | 57 120 € | 4 320 € | ? |
| Zinssatz | 4,5 % | ? | 3,75 % | 5 % | 6 % |
| Zinsen | 262,80 € | 42,75 € | ? | 78 € | 480 € |
| Zeit | 8 Monate | 3 Monate | 2 Monate | ? | 150 Tage |

| | f) | g) | h) | i) | j) |
|---|---|---|---|---|---|
| Kapital / Darlehen | 18 250 € | 51 600 € | 11 500 € | 10 944 € | 14 260 € |
| Zinssatz | ? | 3,6 % | ? | 2,75 % | 5,5 % |
| Zinsen | 912,50 € | ? | 230 € | ? | 544,50 € |
| Zeit | 10 Monate | 3 Monate | 5 Monate | 120 Tage | ? |

a) _____

b) _____

c) _____

d) _____

e) _____

f) _____

g) _____

h) _____

i) _____

j) _____

# Berechnung des Zeitraums

Manchmal ist die Angabe der Zeit beim Zinsrechnen nicht in Monaten oder Tagen angegeben, sondern als Zeitraum, z. B. von 17. Mai bis 28. September. Um aus dieser Angabe die Anzahl der Tage zu berechnen, musst du folgendes wissen:

> **Einige wichtige Tipps:**
>
> **Tipp:** Bei **Guthaben** wird der Einzahlungstag nicht dazu gezählt.
> **Tipp:** Bei **Schulden / Darlehen** wird auch der erste Tag mitgerechnet.
> **Tipp:** Denke immer daran, der **Zinsmonat** hat immer 30 Tage, auch wenn es in Wirklichkeit 31 oder 28 Tage sind.

**1. Beispiel:** Zeitraum: 17. April bis 29. November

**Guthaben**
17. April – 30. April: 13 Tage
Mai einschließlich Oktober: 6 Monate = 180 Tage
1. November – 29. November: 29 Tage
insgesamt:  222 Tage

**Darlehen**
17. April – 30. April: 14 Tage
Mai einschließlich Oktober: 6 Monate = 180 Tage
1. November – 29. November:         29 Tage
insgesamt: 223 Tage

# Vermischte Aufgaben in kleinen Schritten lösen

*1. Berechne den Zeitraum jeweils für Guthaben und Darlehen. Schreibe wie im Beispiel.*

a) 3. 1. – 13. 12.: Guthaben                    Darlehen

_____    _____

_____    _____

_____    _____

_____    _____

b) 2. 3. – 25. 8.: Guthaben                    Darlehen

_____    _____

_____    _____

_____    _____

c) 26. 11. – 2. 4.: Guthaben                    Darlehen

_____    _____

_____    _____

_____    _____

d) 11. 1. – 31.12.: Guthaben                    Darlehen

_____          _____

_____          _____

_____          _____

_____          _____

e) 3. 5. – 27. 10.: Guthaben                    Darlehen

_____          _____

_____          _____

_____          _____

_____          _____

_2. Berechne die fehlenden Werte in der Tabelle. Runde sinnvoll._

|          | a)        | b)        | c)        | d)        | e)        | f)        | g)        |
|----------|-----------|-----------|-----------|-----------|-----------|-----------|-----------|
| Kapital  | 350 €     | 3 420 €   | ?         | 97 600 €  | 79 400 €  | €         | 2 358 €   |
| Zinssatz | ?         | 2 %       | 4,5 %     | ?         | 6 %       | 6,75 %    | ?         |
| Zinsen   | 3,50 €    | ?         | 480,30 €  | 4 850 €   | ?         | 600 €     | 4,75 €    |
| Zeitraum | 2. 2. – 14. 4. | 3. 1. – 29. 11. | 25. 6. – 16. 9. | 1. 6. – 27. 2. | 22. 12. – 20. 10. | 17. 9. – 1. 1. | 19. 2. – 18. 3. |

a) Berechnung der Zeit:                    Berechnung des fehlenden Wertes:

_____          _____

_____          _____

_____          _____

_____          _____

b) Berechnung der Zeit:                    Berechnung des fehlenden Wertes:

_____          _____

_____          _____

_____          _____

_____          _____

c) Berechnung der Zeit:                    Berechnung des fehlenden Wertes:

_____    _____

_____    _____

_____    _____

_____    _____

d) Berechnung der Zeit:                    Berechnung des fehlenden Wertes:

_____    _____

_____    _____

_____    _____

_____    _____

e) Berechnung der Zeit:                    Berechnung des fehlenden Wertes:

_____    _____

_____    _____

_____    _____

_____    _____

f) Berechnung der Zeit:                    Berechnung des fehlenden Wertes:

_____    _____

_____    _____

_____    _____

_____    _____

g) Berechnung der Zeit:                    Berechnung des fehlenden Wertes:

_____    _____

_____    _____

_____    _____

_____    _____

h) Berechnung der Zeit:                    Berechnung des fehlenden Wertes:

_____    _____

_____    _____

_____    _____

_____    _____

# 3. Zinsrechnen: Rechnen mit den verschiedenen Zinsformeln

## Die Zinsformeln

**Wichtig!**

Wie beim Prozentrechnen gibt es auch beim Zinsrechnen eine Formel, mit der man fehlende Werte berechnen kann. Am einfachsten ist es, wenn man sich nur eine Formel merkt und dann das Gleichungsrechnen anwendet.

**Merke dir folgende Abkürzungen:**

**K** = Kapital / Darlehen    **Z** = Zinsen    **p** = Zinssatz    **t** = Zeit

**Bei der Zinsformel musst du aber zwei Variationen unterscheiden.**
**Das hängt davon ab, in welcher Einheit die Zeit angegeben ist.**

Für t = **Monate** gilt:          Für t = **Tage** gilt:

$$Z = \frac{K \bullet p \bullet t}{100 \bullet 12} \qquad\qquad Z = = \frac{K \bullet p \bullet t}{100 \bullet 360}$$

Am besten schreibst du auf, was gegeben (geg.) und was gesucht (ges.) ist.

In den Beispielen zeigen wir dir, wie du vorgehst.

Merke dir daher die Formeln. Sie werden nachher noch einmal übersichtlich dargestellt.

**1. Beispiel:**

**Monate**

**geg:** K = 4 500 €
       p = 4 %
       t = 5 Monate
**ges:** Z

**Rechnen mit der Zinsformel:**

$$Z = \frac{K \bullet p \bullet t}{100 \bullet 12}$$

$$Z = \frac{4500 \bullet 4 \bullet 5}{100 \bullet 12}$$

Z = **75 [€]**

**Tage**

**geg:** K = 6 000 €
       p = 3 %
       t = 300 Tage
**ges:** Z

**Rechnen mit der Zinsformel:**

$$Z = \frac{K \bullet p \bullet t}{100 \bullet 360}$$

$$Z = \frac{6000 \bullet 3 \bullet 300}{100 \bullet 360}$$

kürzen und ausrechnen

Z = **150 [€]**

**2. Beispiel:**

| **Monate** | **Tage** |
|---|---|

**geg:** K = 8 500 €  
     Z = 119 €  
     t = 7 Monate  
**ges:** p

**geg:** K = 12 000 €  
     Z = 240 €  
     t = 200 Tage  
**ges:** p

**Rechnen mit der Zinsformel:**

$Z = \frac{K \cdot p \cdot t}{100 \cdot 12}$

$119 = \frac{8500 \cdot p \cdot 7}{100 \cdot 12}$

$119 = \frac{85 \cdot p \cdot 7}{12}$ / 12

1428 = 595   p / : 595  
p = **2,4 [%]**

**Rechnen mit der Zinsformel:**

$Z = \frac{K \cdot p \cdot t}{100 \cdot 360}$

$240 = \frac{12000 \cdot p \cdot 200}{100 \cdot 360}$

kürzen und ausrechnen

$240 = \frac{p \cdot 200}{3}$ / 3

720 = p   200 / : 200  
p = **3,6 [%]**

**3. Beispiel**

**geg:** Z = 825 €  
     p = 1,5 %  
     t = 11 Monate  
**ges:** K

**geg:** Z = 31 500 €  
     p = 3 %  
     t = 420 Tage  
**ges:** K

**Rechnen mit der Zinsformel:**

$Z = \frac{K \cdot p \cdot t}{100 \cdot 12}$

$825 = \frac{K \cdot 1,5 \cdot 11}{100 \cdot 12}$

825 = K   0,01375 / : 0,01375  
**K = 60 000 [€]**

**Rechnen mit der Zinsformel:**

$Z = \frac{K \cdot p \cdot t}{100 \cdot 360}$

$31\ 500 = \frac{K \cdot 3 \cdot 420}{100 \cdot 360}$

kürzen und ausrechnen

31 500 = K   0,035 / : 0,035  
**K = 900 000 [€]**

## 4. Beispiel

**geg:** K = 7 200 €  
      p = 3,5 %  
      Z = 462 €  
**ges:** t (Monate)

**geg:** K = 90 000 €  
      p = 4,5 %  
      Z = 2 200 €  
**ges:** t (Tage)

**Rechnen mit der Zinsformel:**

$$Z = \frac{K \cdot p \cdot t}{100 \cdot 12}$$

$$462 = \frac{7200 \cdot 3,5 \cdot t}{100 \cdot 12}$$

$462 = 21 \cdot t \; / : 21$  
**t = 22 [Monate]**

**Rechnen mit der Zinsformel:**

$$Z = \frac{K \cdot p \cdot t}{100 \cdot 360}$$

$$2\,200 = \frac{90000 \cdot 4,4 \cdot t}{100 \cdot 360}$$

kürzen und ausrechnen

$2\,200 = 11 \cdot t \; / : 11$  
**t = 200 [Tage]**

**Wichtiger Tipp:**

**Wenn du dir Formeln leicht merken kannst, dann kannst du auch für jede Berechnung eine eigene Formel anwenden.**

Wir schreiben sie dir hier alle im Zusammenhang auf:

**Für t = Monate gilt:**

$$Z = \frac{K \cdot p \cdot t}{100 \cdot 12}$$

$$K = \frac{Z \cdot 100 \cdot 12}{p \cdot t}$$

$$p = \frac{Z \cdot 100 \cdot 12}{K \cdot t}$$

$$t = \frac{Z \cdot 100 \cdot 12}{p \cdot K}$$

**Für t = Tage gilt:**

$$Z = \frac{K \cdot p \cdot t}{100 \cdot 360}$$

$$K = \frac{Z \cdot 100 \cdot 360}{p \cdot t}$$

$$p = \frac{Z \cdot 100 \cdot 360}{K \cdot t}$$

$$t = \frac{Z \cdot 100 \cdot 360}{p \cdot K}$$

# Vermischte Aufgaben mit den Zinsformeln lösen

Nun kannst du zeigen, dass du das jetzt anwenden kannst.

*1. Berechne die fehlenden Werte in der Tabelle. Rechne mit der Zinsformel. Schreibe zuerst die Formel und rechne dann wie im jeweiligen Beispiel. Runde sinnvoll.*

|  | **a)** | **b)** | **c)** | **d)** | **e)** |
|---|---|---|---|---|---|
| Kapital/ Darlehen | ? | 16 350 € | 60 000 € | 2 500 € | ? |
| Zinssatz | 3,65 % | ? | 4,85 % | 1,99 % | 6 % |
| Zinsen | 4 800 € | 90,32, € | ? | 29,02 € | 525 € |
| Zeit | 8 Monate | 4 Monate | 11 Monate | ? Monate | 150 Tage |

|  | **f)** | **g)** | **h)** | **i)** | **j)** |
|---|---|---|---|---|---|
| Kapital/ Darlehen | 16 200 € | 27 000 € | ? | 16 350 € | 60 000 € |
| Zinssatz | ? | 4,1 % | 3,65 % | ? | 4,85 % |
| Zinsen | 967,50 € | ? | 4 800 € | 90,32, € | ? |
| Zeit | 430 Tage | 115 Tage | 8 Monate | 4 Monate | 11 Monate |

a) Formel:

_____

_____

_____

_____

b) Formel:

_____

_____

_____

_____

c) Formel:

_____

_____

_____

d) Formel:

_____

_____

_____

e) Formel:

_____

_____

_____

_____

f) Formel:

_____

_____

_____

_____

g) Formel:

_____

_____

_____

_____

h) Formel:

_____

_____

_____

_____

i) Formel:

_____

_____

_____

_____

j) Formel:

_____

_____

_____

_____

# 4. Zinsrechnen: Berechnung der Tilgung

## Die Tilgung

Wer Geld von der Bank als Kredit oder Darlehen aufgenommen hat, muss für dieses Geld Zinsen an die Bank zahlen und dieses Geld natürlich auch zurückzahlen. Diese Rückzahlung nennt man Tilgung. Damit die Belastung nicht zu groß wird, wird die Schuld nicht auf einmal, sondern in Raten zurückgezahlt. In der Regel zahlt der Schuldner monatlich einen festen Betrag an die Bank. Dieser Betrag umfasst dann Zins und Tilgung. Die Tilgung wird meist ebenfalls in Prozent angegeben.

**Beispiel:** Für einen Hauskauf hat Familie Schöner 170 000 € von der Bank aufgenommen. Sie zahlt 3,5 % Zins und 2,5 % Tilgung. Welchen Betrag zahlt Familie Schöner monatlich an die Bank zurück?

Da sich Zins und Tilgung auf den gleichen Zeitraum und den gleichen Betrag beziehen, kannst du hier die beiden Prozentzahlen addieren.

**geg:** Darlehen: 170 000 €            **ges:** monatlicher Rückzahlungsbetrag
Zins + Tilgung: 6 %
Zeit: 1 Monat

100 % = 170 000
  1 % =   1 700
  6 % = 10 200 [€] = jährlicher Rückzahlungsbetrag
10 200 € : 12 = **850 [€]** = monatlicher Rückzahlungsbetrag

## Vermischte Aufgaben in kleinen Schritten lösen

*1. Berechne den monatlichen Zins- und Tilgungsbetrag. Schreibe wie im Beispiel.*

a) Darlehen: 35 600 €
   Zins: 4,5 %; Tilgung: 1,7 %

b) Darlehen: 120 000 €
   Zins: 3,8 %; Tilgung: 0,95 %

c) Darlehen: 147 500 €
   Zins: 2,25 %; Tilgung: 0,9 %

d) Darlehen: 51 000 €
   Zins: 5,75 %; Tilgung: 1,2 %

e) Darlehen: 84 500 €
   Zins: 5,7 %; Tilgung: 2,3 %

f) Darlehen: 450 000 €
   Zins: 3,97 %; Tilgung: 3,2 %

_____

_____

_____

*2. Berechne den Zins- und Tilgungsbetrag für den angegebenen Zeitraum. Runde sinnvoll.*

a) Darlehen: 79 400 €
   Zins: 3,78 %; Tilgung: 1,5 %
   Zeit: 7 Monate

b) Darlehen: 275 000 €
   Zins: 4,71 %; Tilgung: 1,55 %
   Zeit: 250 Tage

c) Darlehen: 84 000 €
   Zins: 5,4 %; Tilgung: 2,1 %
   Zeit: 2 Monate

d) Darlehen: 65 700 €
   Zins: 4,7 %; Tilgung: 1,66 %
   Zeit: 100 Tage

e) Darlehen: 157 000 €
   Zins: 3,31 %; Tilgung: 1,44 %
   Zeit: 5 Monate

f) Darlehen: 231 000 €
   Zins: 4,5 %; Tilgung: 0,75 %
   Zeit: 120 Tage

g) Darlehen: 45 000 €
   Zins: 2,75 %; Tilgung: 1,5 %
   Zeit: 10 Monate

h) Darlehen: 190 000 €
   Zins: 3,1 %; Tilgung: 1,1 %
   Zeit: 310 Tage

i) Darlehen: 170 000 €
   Zins: 3,6 %; Tilgung: 1,2 %
   Zeit: 8 Monate

j) Darlehen: 380 000 €
   Zins: 4,2 %; Tilgung: 1,8 %
   Zeit: 265 Tage

# 5. Zinsrechnen – Bausparen

## Der Bausparvertrag

Wer ein Haus bauen oder kaufen will, benötigt dazu in der Regel viel Geld. Dafür gibt es eine besondere Sparform, den Bausparvertrag. Man spart einen bestimmten Betrag an (in der Regel 40 % – 50 % der Bausparsumme) und erhält dann ein zinsgünstiges Darlehen von der Bausparkasse.

Ein Beispiel soll das verdeutlichen:

Die Bausparsumme beträgt 100 000 €. 40 % müssen angespart werden, das sind 40 000 €. Die Einzahlungen werden selbstverständlich verzinst, allerdings sehr niedrig, mit zurzeit ca. 2 %. Nach 6 – 7 Jahren, je nach Art des Vertrages, erhält der Sparer 100 000 € ausgezahlt. Da er 40 000 € selbst angespart hat, muss er nur 60 000 € als Darlehen aufnehmen. Der Zins liegt momentan bei ca. 1,84 %, die Tilgung beträgt 4 %. Diese Zahlen können sich je nach Bausparvertrag und Konjunkturlage ändern.

Der Vorteil des Bausparens liegt im niedrigen Darlehenszins. Außerdem gewährt der Staat eine Wohnungsbauprämie, die allerdings vom Einkommen abhängt. Damit belohnt der Staat Sparer, die mit einem Bausparvertrag Geld zur Wohnungsbaufinanzierung ansparen.

**Dazu zwei Rechenbeispiele:**

**1. Beispiel:** Herr Schmieder hat einen Bausparvertrag in Höhe von 100 000 € abgeschlossen. Er nimmt das Bauspardarlehen in Anspruch. Wie hoch ist die monatliche Belastung, wenn die Bausparkasse 1,7 % Zins und 4 % Tilgung verlangt?

**So wird gerechnet:**

**geg:** Darlehen 60 000 €          **ges:** monatliche Belastung
      Zinssatz: 1,7 %; Tilgung 4 %
      Zeit: 1 Monat

100 % = 60 000
  1 % = 600
5,7 % = 3 420 [€]
für einen Monat: 3 420 : 12 = **285 [€]**

**2. Beispiel:** Familie Mayerl wird ein Bausparvertrag in Höhe von 60 000 € zugeteilt. Wie viel Prozent beträgt die Tilgung, wenn der Zinssatz 2,8 % beträgt und sie monatlich 204 € an die Bausparkasse zahlen?

**So wird gerechnet:**

**geg:** Darlehen: 36 000 €          **ges:** Tilgung in %
      Zinssatz: 3,8 %
      monatliche Rate: 204 €

jährliche Rate: 204 • 12 = 2 448 [€]
100 % = 36 000
  1 % = 360
2 448 : 360 = 6,8 [ %] = Zins + Tilgung
Tilgung = 6,8 % – 2,8 % = **4 %**

# Vermischte Aufgaben in kleinen Schritten lösen

*Berechne die fehlenden Werte. Denke daran, dass nur 60 % der Bausparsumme als Darlehen zurückgezahlt werden müssen.*

| | 1. | 2. | 3. | 4. | 5. | 6. | 7. |
|---|---|---|---|---|---|---|---|
| Bauspar-summe | 90 000 € | ? | 74 000 € | ? | ? | 85 000 € | ? |
| Darlehen | ? | 48 000 € | ? | 25 200 € | ? | ? | 78 000 € |
| Zinssatz | 2,04 % | 1,99 % | 2 % | 2,1 % | 1,8 % | 2,3 % | ? |
| Tilgung | 3,9 % | 4,1 % | 3,5 % | 3,75 % | 3,9 % | ? | 4,3 % |
| monatliche Belastung | ? | ? | ? | ? | 399 € | 280,50 € | 409,50 € |

1. _____

2. _____

3. _____

4. _____

5. _____

6. _____

7. _____

# 6. Zinsrechnen: Sachaufgaben in kleinen Schritten lösen

**Tipp:** Manche Aufgaben gehen nicht auf. Runde deshalb auf zwei Stellen nach dem Komma.

1. *Ein Landwirt kauft sich eine landwirtschaftliche Maschine. Dafür nimmt er bei der Bank einen Kredit in Höhe von 15 000 € zu einem Zinssatz von 3,75 % auf. Am Ende des Jahres zahlt er den Kredit und die Zinsen zurück. Wie hoch ist seine Rückzahlung?*

**Wir wissen:** _____

_____

**Wir fragen:** _____

**Wir rechnen:**

**Wir antworten:** _____

_____

2. *Herr Brümmer erhält von einem Freund zur Geschäftsgründung ein Darlehen. Bei einem Zinssatz von 5,2 % zahlt er nach einem Jahr 2 184 € Zinsen. Wie hoch ist das Darlehen?*

**Wir wissen:** _____

_____

**Wir fragen:** _____

**Wir rechnen:**

**Wir antworten:** _____

3. Markus geht am Ende des Jahres zur Bank und lässt sich die Zinsen für sein Sparbuch gutschreiben. Bei einem Guthaben von 650 € erhält er 16,25 € Zinsen. Welcher Zinssatz wird von der Bank gewährt?

**Wir wissen:** _____

_____

**Wir fragen:** _____

**Wir rechnen:**

**Wir antworten:** _____

_____

4. Drei Geschwister erben 45 000 €. Monika erbt 40 %, Rita erbt 25 % und Franz erbt den Rest. Monika macht mit ihrem Erbteil eine lange Reise, Rita zahlt die Schulden an ihrem Haus zurück und Franz legt das Geld gewinnbringend an.
a) Wie viel Geld erhält jeder?
b) Wie viel Zinsen erhält Franz nach einem Jahr, wenn er das Geld zu 4,5 % anlegt?

**Wir wissen:** _____

_____

**Wir fragen:** _____

**Wir rechnen:**       Berechnung der Anteile:

Berechnung der Zinsen, die Erich erhält:

**Wir antworten:** _____

_____

5. *Familie Kellner kauft ein Haus für 680 000 €. Zur Finanzierung verkaufen sie ihre Eigentums-*
*wohnung zu einem Preis von 350 000 €. Für den Rest nehmen sie zwei Darlehen auf. Das*
*eine läuft über einen Betrag von 180 000 € und muss mit 3,5 % verzinst und mit 2 %*
*getilgt werden. Für das andere zahlen sie 4 % Zins und 1,5 % Tilgung.*
*a) Welchen Zinsbetrag müssen sie monatlich zahlen?*
*b) Wie hoch ist die jährliche Tilgung für beide Darlehen zusammen?*
*c) Da Herr und Frau Kellner arbeiten, verfügen sie über ein monatliches Nettoeinkommen von*
*8710 €. Wie viel Prozent (gerundet) ihres Monatseinkommens zahlen sie an die Bank?*

**Wir wissen:** _____

_____

**Wir fragen:** _____

**Wir rechnen:**  Berechnung des Restdarlehens:

Berechnung der Zinsen für die beiden Darlehen:

Berechnung der Tilgung für beide Darlehen:

Berechnung der monatlichen Belastung:

Berechnung der prozentualen Belastung:

**Wir antworten:** _____

_____

_____

_____

_____

_____

6. *Ein Darlehen von 10 000 € wird nach 333 Tagen einschließlich der Zinsen zurückgezahlt. Der Betrag beläuft sich auf 10 499,50 €. Welcher Zinssatz war vereinbart worden?*

**Wir wissen:** _____

_____

**Wir fragen:** _____

**Wir rechnen:**

**Wir antworten:** _____

7. *Karl–Heinz hat zum Kauf einer Stereoanlage 1 500 € aufgenommen. Bei einem Zinssatz von 4,8 % zahlt er den Kleinkredit mit Zinsen nach 7 Monaten zurück. Wie hoch ist seine Rückzahlung?*

**Wir wissen:** _____

_____

**Wir fragen:** _____

**Wir rechnen:**

**Wir antworten:** _____

8. Frau Köcherl hat ein Sparbuch mit 4 800 € (Zinssatz 2,5 %) und einen Sparbrief über 8 500 €. Für beide Geldanlagen erhält sie am Jahresende 375 € Zinsen. Welchen Zinssatz erhält sie beim Sparbrief?

**Wir wissen:** _____

_____

**Wir fragen:** _____

**Wir rechnen:**  Berechnung der Zinsen für das Sparbuch:

Berechnung des Zinssatzes für den Sparbrief:

**Wir antworten:** _____

9. Für einen kurzfristigen Kredit in Höhe von 10 500 € müssen bei einem Zinssatz von 5,4 % 2 268 € Zinsen gezahlt werden. Wie lange war das Geld ausgeliehen?

**Wir wissen:** _____

_____

**Wir fragen:** _____

**Wir rechnen:**

**Wir antworten:** _____

10. *Herr Schulz hat 120 000 € geerbt. Drei Fünftel legt er zu 4,57 % an. Er möchte von den Zinsen monatlich mindestens 400 € Zuschuss zu seiner Rente haben.*
*Zu welchem Zinssatz muss er deshalb den Rest der Erbschaft anlegen?*

**Wir wissen:** _____

_____

**Wir fragen:** _____

**Wir rechnen:** Berechnung der Resterbschaft:

Berechnung der Zinsen für 3 der Erbschaft:

Berechnung des Zinssatzes für den Rest der Erbschaft:

**Wir antworten:** _____

11. *Für den Kauf eines Ferienhauses haben Waltraud und Dieter ein Darlehen in Höhe von 105 000 € aufgenommen. Das Haus bringt eine monatliche Mieteinnahme von 350 €.*
*Wie hoch ist ihre jährliche Belastung bei einem Zinssatz von 4,5 %?*

**Wir wissen:** _____

_____

**Wir fragen:** _____

**Wir rechnen:**

**Wir antworten:** _____

12. *Karin erhält für 1 200 € im halben Jahr 15 € Zinsen, Marianne für 1 100 € im Vierteljahr 7,70 € Zinsen. Wer hat sein Geld besser angelegt?*

**Wir wissen:** _____

_____

**Wir fragen:** _____

**Wir rechnen:**  Berechnung Zinssatz (Karin):

Berechnung Zinssatz (Marianne):

**Wir antworten:** _____

13. *Die Bank gewährt ein Darlehen in Höhe von 30 000 € bei einem Zinssatz von 5,5 %. Wie viele Zinsen sind vom 15. Januar bis 18. Oktober zu zahlen?*

**Wir wissen:** _____

_____

**Wir fragen:** _____

**Wir rechnen:** Berechnung der Zeit:

Berechnung der Zinsen:

**Wir antworten:** _____

14. *Herr Witte gewinnt im Lotto und zahlt seinen Gewinn auf sein Sparkonto ein. Nach 10 Monaten werden bei 3,2 % 280 € gutgeschrieben. Wie hoch war sein Lottogewinn?*

**Wir wissen:** _____

_____

**Wir fragen:** _____

**Wir rechnen:**

**Wir antworten:** _____

15. *In der Zeitung steht folgende Anzeige: Sie bekommen 20 000 € und zahlen täglich nur 10 € Zinsen. Was hältst du davon? Löse rechnerisch!*

**Wir wissen:** _____

_____

**Wir fragen:** _____

**Wir rechnen:**

**Wir antworten:** _____

_____

16. Herr Eierlein ist Besitzer einer Hühnerfarm und leiht sich von seinem Nachbarn 500 €. Als Zinsen zahlt er diesem jeden Tag ein frisches Ei, das einen Wert von 36 Cent hat. Da der Nachbar gerne Eier isst, willigt er in diese Zinszahlung ein. Würdest du das als Nachbar auch tun? Belege deine Antwort durch eine Rechnung.

**Wir wissen:** _____

_____

**Wir fragen:** _____

**Wir rechnen:**

**Wir antworten:** _____

_____

17. Wie hoch ist ein Sparguthaben, wenn bei 5 % Zinsen in der Zeit vom 8. 2. bis zum 13. 9. 430 € Zinsen gezahlt werden?

**Wir wissen:** _____

_____

**Wir fragen:** _____

**Wir rechnen:** Berechnung der Zeit:

Berechnung der Zinsen:

**Wir antworten:** _____

18. Zu wie viel Prozent war ein Darlehen in Höhe von 250 000 verzinst, wenn nach einer Laufzeit von 7 Monaten und 6 Tagen Zinsen in Höhe von 9 150 € anfallen?

**Wir wissen:** _____

_____

**Wir fragen:** _____

**Wir rechnen:** Berechnung der Zeit:

Berechnung des Zinssatzes:

**Wir antworten:** _____

19. Ein Darlehen in Höhe von 5 000 € war seit dem 11. April zu 4,5 % ausgeliehen. Nach Ende der Laufzeit sind 137,50 € Zinsen fällig.
a) Wie lange war es ausgeliehen?
b) Wann (Datum) wurde es zurückgezahlt?

**Wir wissen:** _____

_____

**Wir fragen:** _____

**Wir rechnen:** Berechnung der Zeit:

Berechnung des Datums:

**Wir antworten:** _____

20. Stefanie möchte unbedingt einen Flachbildfernseher (Preis 650 €) haben und will deshalb das „günstige Angebot" eines Händlers annehmen, der eine Abzahlung in drei Jahren anbietet: 36 Raten zu 35 € und eine einmalige Anzahlung von 100 €. Ihr Freund rät ihr ab. Warum? Begründe deine Antwort durch eine Rechnung!

**Wir wissen:** _____

_____

**Wir fragen:** _____

**Wir rechnen:**

**Wir antworten:** _____

21. Die Mieteinnahmen für ein Mehrfamilienhaus betragen monatlich 4 500 €. Jährlich fallen noch Kosten in Höhe von 6 900 € an. Das Haus soll verkauft werden. Wie hoch muss der Kaufpreis mindestens sein, wenn die Jahreszinsen (Zinssatz 6,8 %) für diese Summe genauso hoch sein sollen, wie die Nettomieteinnahmen?

**Wir wissen:** _____

_____

**Wir fragen:** _____

**Wir rechnen:** Berechnung der Summe, die das Haus jährlich bringen soll:

Berechnung des Kaufpreises:

**Wir antworten:** _____

22. *Bauunternehmer Schmittke braucht zur Renovierung seines Büros einen Kredit in Höhe von 35 000 €. Bei der Bank wird bei einer Laufzeit von 9 Monaten ein Zinssatz von 4,2 % vereinbart. Herr Schmittke zahlt nach 4 Monaten die Hälfte des Kredites einschließlich der bis dahin angefallenen Zinsen zurück. Den Rest zahlt er am Ende der Laufzeit (wieder einschließlich der Zinsen). Wie hoch sind die beiden Zahlungen?*

**Wir wissen:** _____

_____

**Wir fragen:** _____

**Wir rechnen:** Berechnung der Zahlung nach 9 Monaten:

Berechnung der Restzahlung nach weiteren 6 Monaten:

**Wir antworten:** _____

23. *Ein Wohltäter vermacht in seinem Testament einen festen Betrag einer Kindertagesstätte, die normalerweise von 35 Kindern am Tag besucht wird. Dieses Geld ist auf lange Zeit zu 6 % angelegt. Die Tagesstätte soll allerdings nur die Zinsen verbrauchen. Wie hoch ist der Betrag, wenn durch die Stiftung im Durchschnitt für jedes Kind ein täglicher Zuschuss von 1 € möglich ist?*

**Wir wissen:** _____

_____

**Wir fragen:** _____

**Wir rechnen:** Berechnung des jährlichen Zinsbetrages:

Berechnung des Gesamtbetrages:

**Wir antworten:** _____

55

24. *Frau Stürmer hat seit 1. Juli 1 600 € auf ihrem Sparbuch. Am Jahresende erhält sie 22 €*
*Zinsen. Die Bank erhöht den Zinssatz um 0,25 %. Wie viel Zinsen erhält sie nach einem*
*weiteren Jahr, wenn sich auch die Zinsen mitverzinsen?*

**Wir wissen:** _____

_____

**Wir fragen:** _____

**Wir rechnen:** Berechnung des Zinssatzes:

Kapital zu Beginn des neuen Jahres:

Berechnung der Zinsen zum Ende des nächsten Jahres:

**Wir antworten:** _____

_____

_____

*25. Herr Argus zahlt für einen Kredit von 15 000 € in 11 Monaten 660 € Zinsen.*
*Frau Percher zahlt für 12 000 € im halben Jahr 285 € Zinsen.*
*a) Wie viele Zinsen zahlt jeder im Monat, wie viele im Jahr?*
*b) Wer hat das günstigere Darlehen aufgenommen?*

**Wir wissen:** _____

_____

**Wir fragen:** _____

**Wir rechnen:** Berechnung der Zinsen (Herr Argus):     Berechnung der Zinsen (Frau Percher):

Berechnung des Zinssatzes (Herr Argus):     Berechnung des Zinssatzes (Frau Percher):

**Wir antworten:** _____

_____

*26. Fritz ist großzügig. Als sein Freund Thomas ihm 5 € leiht, gibt er ihm am nächsten Tag*
*5,50 € zurück. Unter diesen Bedingungen leiht Thomas Fritz gerne Geld. Warum?*
*Beantworte mit Hilfe einer Rechnung.*

**Wir wissen:** _____

_____

**Wir fragen:** _____

**Wir rechnen:**

**Wir antworten:** _____

27. In der Zeitung steht folgende Anzeige: „Sie brauchen sofort 10 000 €? Kein Problem. Sie zahlen den Betrag bequem in einem Jahr zurück. Die Monatsrate beträgt nur 1 000 €". Herr Schneller könnte diese 10 000 € gut für den Neukauf eines Wagens brauchen. Seine Bank rät ihm von dieser Finanzierung allerdings ab. Warum? Rechne!

**Wir wissen:** _____

_____

**Wir fragen:** _____

**Wir rechnen:**

**Wir antworten:** _____

28. Eine Stiftung vergibt jährlich Stipendien an besonders begabte Schüler. In diesem Jahr werden folgende Beträge ausgezahlt: 750 €, 1 200 €, 980 €, 915 € und 830 €. Wie hoch ist das Kapital der Stiftung, wenn jeweils immer nur die Zinsen (Zinssatz 5,5 %) ausgezahlt werden?

**Wir wissen:** _____

_____

**Wir fragen:** _____

**Wir rechnen:** Berechnung der Gesamtauszahlung:

Berechnung der Stiftungssumme:

**Wir antworten:** _____

29. Auf einem Sparbuch sind am 12. Februar 16 500 €.
   a) Wann (Datum) ist dieser Betrag bei einem Zinssatz von 4 % auf 16 775 €
      angewachsen?
   b) Das Geld bleibt bis Ende des Jahres auf der Bank. Zu welcher Summe ist es
      angewachsen, wenn die Zinsen mit verzinst werden?

**Wir wissen:** _____

_____

**Wir fragen:** _____

_____

**Wir rechnen:** Berechnung der Zeit:

Berechnung des Datums:

Berechnung der Zeit bis Endes des Jahres:

Berechnung des Gesamtbetrags:

**Wir antworten:** _____

_____

30. *Bei einer Rechnung in Höhe von 7 500 € kann bei sofortiger Zahlung 3 % Skonto abgezogen werden. Lohnt es sich, ein Darlehen zu 6,5 % bei einer Laufzeit von 30 Tagen aufzunehmen und den Betrag sofort zu zahlen?*

**Wir wissen:** _____

_____

**Wir fragen:** _____

**Wir rechnen:** Barzahlungspreis:

Berechnung der Zinsen:

**Wir antworten:** _____

31. *Herr Schuster möchte sich ein gebrauchtes Cabrio kaufen, das 25 400 € kostet. Er hat aber nur 21 000 € gespart. Sein Nachbar bietet ihm an, ihm den Restbetrag zu leihen, wenn Herr Schuster anstelle der Zinsen ihm im Haus und Garten hilft (ein ganzes Jahr lang). Eine Stunde wird mit 20 € berechnet.*
*a) Wie viele Stunden muss Herr Schuster arbeiten?*
*b) Welcher Zinssatz liegt zugrunde, wenn er im Monat 4 Stunden hilft?*

**Wir wissen:** _____

_____

**Wir fragen:** _____

**Wir rechnen:** Restbetrag:

Berechnung der Gesamtstunden

Berechnung der Zinsen:

**Wir antworten:** _____

32. *Eine Doppelhaushälfte kostet 450 000 €. Familie Schneller hat 40 % der Kaufsumme als Eigenkapital. Den Rest nehmen sie von der Bank auf und zahlen dafür 4,75 % Zinsen und 1,5 % Tilgung.*
   *a) Wie hoch ist das Eigenkapital?*
   *b) Wie hoch ist die Darlehenssumme?*
   *c) Wie hoch ist die monatliche Zinszahlung?*
   *d) Wie viel Euro tilgen sie pro Jahr?*

**Wir wissen:** _____

_____

**Wir fragen:** _____

**Wir rechnen:** Berechnung des Eigenkapitals:


Berechnung des Darlehens:


Berechnung der Zinszahlung:


Berechnung der Tilgung:


**Wir antworten:** _____

_____

33. *Firma Diehm renoviert ihr Elektrogeschäft. Es fallen Kosten in Höhe von 75 000 € an. Zur Finanzierung werden zwei Kredite verwendet. Der Lieferantenkredit beläuft sich auf zwei Drittel der Kosten. Es werden 4,5 % Zinsen verlangt, die nach 8 Monaten fällig werden. Über die Restsumme nimmt Herr Diehm ein Bankdarlehen zu 5,7 % auf, das eine Laufzeit vom 1. Mai bis 1. Februar hat. Welche Zinsen sind insgesamt zu zahlen? (Rechne mit ganzen Monaten.)*

**Wir wissen:** _____

_____

_____

_____

**Wir fragen:** _____

_____

_____

_____

_____

**Wir rechnen:** Zinsen für Lieferantenkredit:

Zinsen für Bankdarlehen:

**Wir antworten:** _____

_____

_____

_____

_____

34. *Herr Schmidt kaufte einen Acker zum Preis von 25 600 €. Für die Grunderwerbssteuer muss er 5 % vom Kaufpreis zahlen und als Notarkosten kommen noch 720 € dazu.*
   *a) Wie teuer kommt der Acker?*
   *b) Herr Schmidt hat 16 000 € Eigenkapital. Den Rest nimmt er als Darlehen auf und zahlt es mit 4,9 % Zinsen nach 250 Tagen zurück.*
   *Wie hoch sind die tatsächlichen Kosten für den Acker?*
   *c) Nach 5 Jahren kann Herr Schmidt den Acker wieder verkaufen. Er kann einen Preis erzielen, der 40 % über den damaligen Gesamtkosten des Ackers liegt.*
   *Wie teuer verkauft er den Acker.*
   *d) Den Verkaufspreis legt er zu 6 % für 1 Jahr an. Wie hoch sind die Zinsen?*

**Wir wissen:** _____

_____

**Wir fragen:** _____

**Wir rechnen:** Preis des Ackers:

Berechnung der Zinsen:

Gesamtpreis des Ackers:

Verkaufspreis des Ackers:

Berechnung der Zinsen:

**Wir antworten:** _____

_____

35. Frau Grünwald nimmt am 1. Januar einen Kredit in Höhe von 56 000 € zu einem Zinssatz von 7,5 % auf. Am 1. Mai kann sie den hohen Kredit umschulden. Sie erhält einen Kredit (20 000) zu 5,5 % und muss für den anderen Kredit im halben Jahr 1 080 € Zinsen zahlen.
a) Wie viel Euro Zinsen musste sie für den ursprünglichen Kredit zahlen?
b) Welchen Zinssatz verlangt die Bank für den zweiten umgeschuldeten Kredit?
c) Wie viel Zinsen zahlt sie insgesamt im 1. Jahr?
d) Wie viel Euro spart sie im ersten Jahr durch die Umschuldung?

**Wir wissen:** _____

_____

**Wir fragen:** _____

**Wir rechnen:**   Zinszahlung bis zum 1. Mai:




Berechnung der Zinsen (1. Kredit):




Berechnung des Zinssatzes (2. Kredit):




Gesamtzinsen im 1. Jahr:




Ersparnis im 1. Jahr:




**Wir antworten:** _____

36. *Familie Opper möchte sich ein neues Auto kaufen, das 47 000 € kosten soll. Sie haben 30 000 € auf dem Sparkonto, die sich mit 4,5 % verzinsen und bis zum Jahresende hätten sie auch den Rest gespart. Auf diese Weise könnten sie das Auto bar bezahlen. Voraussichtlich wird es aber bis dahin um 7 % teurer. Wenn sie das Auto allerdings jetzt kaufen, müssen sie für den Restbetrag ein Darlehen zu 8,5 % aufnehmen.*
   *a) Wie viel Euro müsste Familie Opper bis zum Jahresende sparen, wenn sie die Zinsen des Sparbuches mit zum Kauf verwenden wollen?*
   *b) Wie teuer kommt das Auto, wenn sie es jetzt gleich kaufen und das Darlehen bis Jahresende zurückgezahlt haben?*
   *c) Welche Entscheidung ist für Familie Opper die kostengünstigere?*

**Wir wissen:** _____

_____

**Wir fragen:** _____

**Wir rechnen:**   angespartes Kapital bis Jahresende:

Preis des Autos zum Jahresende:

Betrag, der bis zum Jahresende noch zu zahlen ist:

Zinsen für das Darlehen:

Betrag, der bis Jahresende zurückzuzahlen ist:

**Wir antworten:** _____

_____

_____

37. Herr Knobel besitzt Aktien zum Nennwert von 7 500 €, die er zu 215 % gekauft hat. Am
Jahresende werden 15 % Dividende (vom Nennwert) ausgeschüttet. Von dieser Dividende
muss Herr Knobel 25 % Kapitalertragssteuer zahlen.
a) Wie viel Euro Dividende erhält er tatsächlich?
b) Wie hoch hat sich sein eingesetztes Kapital verzinst?

**Wir wissen:** _____

_____

**Wir fragen:** _____

_____

**Wir rechnen:** Berechnung der Dividende:

Berechnung der Kapitalertragssteuer:

tatsächlicher Gewinn in €:

tatsächlich eingesetztes Kapital:

tatsächlicher Gewinn in Prozent:

**Wir antworten:** _____

_____

38. *Familie Roth stellt für ihr Eigenheim folgenden Finanzierungsplan auf:*
    1. *Hypothek:*     *110 000 € (5,2 % Zinsen, 1,7 % Tilgung)*
    2. *Hypothek:*     *80 000 € (4,75 % Zinsen, 0,9 % Tilgung)*
    *Bauspardarlehen:*   *60 000 € (3,5 % Zinsen, 5 % Tilgung)*
    *Bausparguthaben:*   *40 000 €*
    *Eigenkapital:*     *30 000 €*
    *Eigenleistung:*     *25 000 €*
    a) *In welcher Höhe muss Herr Roth noch ein Arbeitgeberdarlehen aufnehmen, wenn das*
       *Haus 400 000 € kosten soll?*
    b) *Berechne die monatliche Zinsbelastung für die Hypotheken und das Bauspardarlehen.*
    c) *Wie viel Euro Tilgung sind jährlich zu zahlen?*
    d) *Zu welchem Zinssatz erhält Herr Roth das Arbeitgeberdarlehen, wenn er für alle Darlehen*
       *zusammen jährlich 13 000 € Zinsen zahlen muss?*

**Wir wissen:** _____

_____

**Wir fragen:** _____

**Wir rechnen:** Berechnung des Arbeitgeberdarlehens:

Berechnung der Zinsen 1. Hypothek:     2. Hypothek:     Bauspardarlehen:

Berechnung der Tilgung 1. Hypothek:     2. Hypothek:     Bauspardarlehen:

Jahreszinsen:

Zinsen für das Arbeitgeberdarlehen:

Berechnung des Zinssatzes für das Arbeitgeberdarlehen:

**Wir antworten:** _____

39. Frau Uhl besitzt ein Mehrfamilienhaus im Wert von 1,2 Millionen €. Sie selbst bewohnt den 1. Stock, für die restlichen 3 Wohnungen erhält sie monatlich 3 200 € Miete. Im Jahr fallen an Gebühren 4 500 € an. Wie hoch muss sie die Monatsmiete für ihre Wohnung ansetzen, wenn sie eine jährliche Verzinsung von 4 % erreichen möchte?

**Wir wissen:** _____

_____

**Wir fragen:** _____

_____

_____

_____

_____

**Wir rechnen:**  Berechnung der tatsächlichen Einnahmen:




Berechnung der gewünschten Verzinsung:




Berechnung der Jahres- / Monatsmiete:




**Wir antworten:** _____

_____

_____

_____

40. *Peter hat auf seinem Sparbuch am Jahresbeginn 720 € Guthaben. Im Lauf des Jahres nimmt er folgende Abhebungen und Einzahlungen vor:*
*Am 1. März hebt er 480 € ab, am 1. Juni zahlt er 250 € ein, am 1. August zahlt er 430 € ein und am 1. Dezember hebt er die Hälfte des Guthabens ab.*
*a) Wie viel Geld hat er nach dem 1. Dezember noch auf der Bank?*
*b) Wie viel € Zinsen erhält er am 31. Dezember bei einem Zinssatz von 3 % von der Bank gutgeschrieben? Rechne immer mit ganzen Monaten, die Verzinsung der Zinsen bleibt unberücksichtigt.*
*c) Wie viele Zinsen hätte er am Jahresende bekommen, wenn er keine Kontobewegungen gehabt hätte?*

**Wir wissen:** _____

_____

**Wir fragen:** _____

**Wir rechnen:** Berechnung des Guthabens nach der letzten Abhebung:

Berechnung der Zinsen 1. Januar – 1. März:

Berechnung der Zinsen 1. März – 1. Juni:

Berechnung der Zinsen 1. Juni – 1. August:

Berechnung der Zinsen 1. August – 1. Dezember:

Berechnung der Zinsen 1. Dezember – 31. Dezember:

Berechnung der Gesamtzinsen:

Berechnung der Jahreszinsen ohne Kontobewegungen:

**Wir antworten:** _____

41. Eine Rechnung, die am 14. 7. fällig gewesen wäre, wird erst am 25. 8. bezahlt. Die Firma berechnet 9 % Verzugszinsen, so dass nun 6,30 € mehr zu zahlen sind.
   a) Wie hoch war die ursprüngliche Rechnung?
   b) Wie viel muss der Kunde nun zahlen?

**Wir wissen:** _____

_____

**Wir fragen:** _____

_____

_____

**Wir rechnen:**   Berechnung der Zeit:




Berechnung des ursprünglichen Rechnungsbetrages:




Berechnung des neuen Rechnungsbetrages:




**Wir antworten:** _____

_____

_____

_____

42. *Edith bekommt zu ihrem 15. Geburtstag und wegen guter schulischer Leistung von ihrer*
*Oma insgesamt 600 € geschenkt.*
*a) Wie viel Zinsen erhält sie für diesen Betrag vom 1. Februar bis zum Jahresende bei einem*
*Zinssatz von 3,2 % auf ihrem Sparkonto?*
*b) Wenn Edith die 600 € als Anzahlung für einen Stereoturm (Gesamtpreis 998 €) leistet, muss*
*sie noch 4 Monatsraten zu je 103,48 € zahlen. Welchen Zinssatz hat die Firma berechnet?*
*c) Wenn Ediths Schwester 1 200 € zu 6,4 % anlegen würde, bekäme sie dafür das Doppelte,*
*das Vierfache oder das Sechsfache an Zinsen? Begründe deine Antwort. Überprüfe deine*
*Überlegungen durch Berechnung.*

**Wir wissen:** _____

_____

**Wir fragen:** _____

**Wir rechnen:** Berechnung der Zinsen:

Berechnung des Zinssatzes der Firma:

Berechnung der Zinsen für Ediths Schwester:

**Wir antworten:** _____

_____

_____

_____

43. *Herr Wilhelm nimmt am 1. April einen Kredit von 15 000 € auf. Laut Vertrag soll er den Kredit mit 5,5 % Zinsen am 31. Dezember des gleichen Jahres zurückzahlen.*
*Da Herr Wilhelm nicht zu einer fristgerechten Zahlung in der Lage ist, wird ihm ein Zahlungsaufschub bis zum 31. März des folgenden Jahres gewährt. Für die restliche Zeit muss er jedoch für den am 31. Dezember fällig gewesen Gesamtbetrag 7 % Zinsen zahlen.*

   *a) Wie viel € Zinsen hätte Herr Wilhelm bei der Einhaltung des Rückzahlungstermins zahlen müssen?*
   *b) Welchen Betrag muss er am 31. März bezahlen?*
   *d) Wie hoch ist damit seine tatsächliche Zinsbelastung in Prozent?*

**Wir wissen:** _____

_____

_____

**Wir fragen:** _____

_____

**Wir rechnen:** Berechnung der Zinsen zum 31. Dezember:

Berechnung der Zinsen bis 31. März:

Rückzahlungsbetrag zum 31. März:

Gesamtzinsbelastung in Prozent:

**Wir antworten:** _____

_____

44. *Frau Sommer hatte ein Kapital zu 3,75 % für 11 Monate angelegt. Zum Jahresende
    erhält sie 1 856,25 € Zinsen.*
    *Dieser Betrag wird zusammen mit dem alten Kapital für das ganze Folgejahr festgelegt.*
    *Zum 1. Januar bekommt sie dann 2 234,25 € Zinsen gutgeschrieben.*
    *a) Welchen Betrag legte Frau Sommer ursprünglich an?*
    *b) Welcher Zinssatz wird im Folgejahr von der Bank angesetzt?*
    *c) Um wie viel Prozent hat sich das Kapital durch die Zinsen insgesamt erhöht?*

**Wir wissen:** _____

_____

_____

**Wir fragen:** _____

_____

_____

**Wir rechnen:**   Berechnung des ursprünglich angelegten Kapitals:




Berechnung des Zinssatzes für Folgejahr:




Berechnung der Gesamterhöhung in Prozent:




**Wir antworten:** _____

_____

_____

_____

45. *Ein Kunde hat auf seinem Sparkonto ein Guthaben von 18 000 €. In den ersten 30 Tagen verzinst sich diese Einlage mit 2,5 % und in den darauffolgenden vier Monaten mit 3 %. Wenn der Kunde das Geld als Festgeld angelegt hätte, wären ihm für fünf Monate 450 € an Zinsen vergütet worden.*

*a) Wie viele € Zinsen erhält er für den ersten Zeitraum von 30 Tagen, wie viele für die vier darauf folgenden Monate?*

*b) Welchen Zinssatz hätte er bei einer Anlage auf dem Festgeldkonto erhalten?*

*c) Wie viele Zinsen in Euro hätte er auf dem Festgeldkonto mehr erhalten?*

**Wir wissen:** _____

_____

_____

**Wir fragen:** _____

_____

_____

**Wir rechnen:**   Berechnung der Zinsen für 30 Tage:




Berechnung der Zinsen für 4 Monate:




Berechnung der Zinsen für das Festgeldkonto:




Berechnung des Zinsunterschiedes:




**Wir antworten:** _____

_____

_____

46. Herrn Schuster wird eine Eigentumswohnung zu 280 000 € angeboten. Er kann vom Arbeitgeber 120 000 € zu 5 % jährlich und von der Bank ein Darlehen zu 6 % jährlich bekommen. Seine Ersparnisse betragen 70 000 €.
Er hat ein monatliches Nettoeinkommen von 3 690 €. Die monatliche Belastung soll ein Drittel seines Einkommens nicht überschreiten. Kann sich Herr Schuster die Eigentumswohnung leisten?

**Wir wissen:** _____

_____

**Wir fragen:** _____

_____

_____

**Wir rechnen:** Berechnung der Jahreszinsen für das Arbeitgeberdarlehen:

Berechnung der Jahreszinsen für das Bankdarlehen:

Berechnung der monatlichen Belastung:

**Wir antworten:** _____

_____

_____

_____

47. Ein Betrieb nahm am 15. Januar ein Darlehen in Höhe von 120 000 € auf und kaufte Maschinen, die noch am selben Tag voll eingesetzt wurden. Das Darlehen brachte dem Betrieb bis zum Jahresende an Belastungen:
10 % betrug die Rückzahlung und außerdem musste das Darlehen zu 6 % verzinst werden. Durch die Maschinen konnte jedoch eine Arbeitskraft mit einem monatlichen Bruttolohn von 3 400 € eingespart werden. Für die Wartung und den Energieverbrauch der Maschinen mussten monatlich 960 € an Unkosten gerechnet werden.
a) Berechne die Gesamtunkosten im ersten Jahr.
b) Berechne die Höhe der tatsächlichen Einsparung im ersten Jahr.

**Wir wissen:** _____

_____

_____

**Wir fragen:** _____

_____

_____

**Wir rechnen:**   Berechnung von Zins und Tilgung im 1. Jahr:




Gesamtunkosten im 1. Jahr:




Berechnung der Lohneinsparung im 1. Jahr:




Gesamteinsparung im 1. Jahr:




**Wir antworten:** _____

_____

48. Herr Sieber will ein Darlehen von 67 000 €, das er sich zu einem hohen Zinssatz ausleihen musste, durch billigere Kredite ersetzen. Es gelingt ihm auch, zwei neue Darlehen zu günstigeren Bedingungen zu bekommen.
Das eine Darlehen beträgt 45 000 € zu 4,5 %. Den Rest erhält er zu einem Zinssatz von 5,2 %.
Wie hoch war der Zinssatz des ursprünglichen Darlehens, wenn Herr Sieber für die beiden neuen Darlehen im halben Jahr 1 598 € weniger Zinsen zahlt, als dies beim ursprünglichen Darlehen der Fall gewesen war?

**Wir wissen:** _____

_____

_____

**Wir fragen:** _____

_____

_____

**Wir rechnen:**   Berechnung der Zinsen für das 1. Darlehen:




Berechnung der Zinsen für das 2. Darlehen:




Berechnung der Zinsen für das ursprüngliche Darlehen:




Berechnung des Zinssatzes für das ursprüngliche Darlehen:




**Wir antworten:** _____

49. Am 16. März lieh sich Herr Weber bei einer Bank einen Betrag von 18 000 € zu einem Zinssatz von 5,25 %. aus. Am Ende des Jahres zahlte er die Hälfte des Darlehens einschließlich der bis dahin insgesamt angefallenen Zinsen, zurück.
Die Restschuld samt der Zinsen beglich er am 13.11. des folgenden Jahres.
Berechne die Höhe der Rückzahlungen.

**Wir wissen:** _____

_____

_____

**Wir fragen:** _____

_____

_____

**Wir rechnen:**  Berechnung der Zinsen zum 31. Dezember:

Berechnung der Zinsen zum 13. November:

**Wir antworten:** _____

_____

_____

_____

50. Ein Kaufmann legte am Jahresanfang sein Bargeld in Höhe von 12 600 € an. 8 400 €
    steckte er in ein gewinnbringendes Geschäft, den Rest brachte er zur Bank und erhielt
    dafür 3,5 % Zinsen. Am Jahresende ergab sich aus beiden Anlagen ein Gesamtertrag
    von 823,20 €.
    a) Zu wie viel Prozent verzinste sich die Geschäftseinlage?
    b) Von dem Gesamtertrag mussten noch 22 % Steuern abgeführt werden.
       Welcher Reinertrag blieb dem Kaufmann?
    c) Zu wie viel Prozent hat sich sein Bargeld tatsächlich verzinst?

**Wir wissen:** _____

_____

_____

**Wir fragen:** _____

_____

_____

**Wir rechnen:**    Berechnung der Zinsen bei der Bank:




Berechnung des Zinssatzes bei der Geschäftseinlage:




Berechnung des Reingewinns:




Berechnung der tatsächlichen Verzinsung:




**Wir antworten:** _____

_____

_____

_____

51. *Ein Darlehen von 12 000 €, das am 1. Januar gewährt wurde, sollte nach der ursprünglichen Vereinbarung am 30. September desselben Jahres mit 4,5 % Zinsen zurückgezahlt werden. Da die Schuld nicht fristgerecht gezahlt werden konnte, kam es zu einer Fristverlängerung bis zum 31. Dezember desselben Jahres. Für die restliche Zeit mussten für den am 30. September fällig gewesenen Gesamtbetrag 7,4 % Zinsen gezahlt werden.*

*a) Wie viel € hätte der Schuldner bei Einhaltung der Frist zurückzahlen müssen?*
*b) Welcher Betrag musste am Jahresende insgesamt bezahlt werden?*
*c) Wie hoch war die tatsächliche Zinsbelastung in Prozent?*

**Wir wissen:** _____

_____

_____

**Wir fragen:** _____

_____

**Wir rechnen:**  Zinszahlung bis zum 30. September:

Zinszahlung bis zum 31. Dezember:

Berechnung der tatsächlichen Zinsbelastung:

**Wir antworten:** _____

52. *Herr Schneller will für seine Familie ein Eigenheim bauen, dessen Gesamtkosten sich auf 450 000 € belaufen. Zur Finanzierung verwendet er sein Sparguthaben in Höhe von 60 000 €, einen Bausparvertrag über 120 000 €, der zu 40 % angespart ist und eine ausbezahlte Lebensversicherung in Höhe von 15 000 €. Durch Eigenleistung am Bau kann er 5 % der Gesamtkosten sparen.*
*Den fehlenden Betrag nimmt er bei seiner Bank auf. Diese verlangt 4,8 % Zins und 1,75 % Tilgung.*
*Die Bausparkasse verlangt für das Bauspardarlehen 2,4 % Zins und 5 % Tilgung.*

*Welche Belastung hat Herr Schneller? Welche Kosten kommen monatlich auf ihn zu?*

**Wir wissen:** _____

_____

_____

**Wir fragen:** _____

_____

_____

**Wir rechnen:** Berechnung des Bankdarlehens:

Berechnung von Zins und Tilgung für das Bankdarlehen:

Berechnung von Zins und Tilgung des Bauspardarlehens:

monatliche Kosten

**Wir antworten:** _____

# 7. Grundaufgaben zur Promillerechnung

**Gleich zu Beginn ein Tipp:**

Die Promillerechnung ist ebenso wie das Zinsrechnen angewandtes Prozentrechnen.

Sicherlich hast du schon einmal von Promille gehört. Im Zusammenhang mit dem Alkoholspiegel im Blut ist zum Beispiel immer wieder bei Unfällen davon die Rede.

$$\text{Bei Promille ist der Vergleichsbruch } \frac{1}{1000}$$

Mit Promille wird das gemessen, was zu klein ist, um in Prozent angegeben zu werden.

Auch die Provision, die ein Verkäufer z. B. vom Umsatz erhält, wird in Promille angegeben.

$$\frac{1}{1000} = 1 \text{ Promille} = 1 \text{ °/}_{oo}$$

## Promille drückt einen Anteil aus

**Beispiel:** 3 Verkäufer eines Küchenstudios vergleichen die Einnahmen, die sie von ihren Umsätzen erhalten. Welcher Verkäufer erhält, gemessen am Umsatz, die höchste Provision?

| | Monatsumsatz | Provision in € | Vergleichsbruch | gekürzt | Promille |
|---|---|---|---|---|---|
| Herr Blocher | 26 000 € | 208 € | $\frac{208}{26000}$ | $\frac{8}{1000}$ | 8 °/$_{oo}$ |
| Frau Ebert | 41 000 € | 205 € | $\frac{205}{41000}$ | $\frac{5}{1000}$ | 5 °/$_{oo}$ |
| Herr Kremer | 33 000 € | 231 € | $\frac{231}{33000}$ | $\frac{7}{1000}$ | 7 °/$_{oo}$ |

**Antwort:** Herr Blocher erhält die höchste Provision.

*1. Wie viel Promille sind das? Schreibe wie im Beispiel.*

**Beispiel:** $\frac{4}{1000} = 4$ °/$_{oo}$

a) $\frac{7}{1000} = $ _____  b) $\frac{9}{1000} = $ _____  c) $\frac{15}{1000} = $ _____  d) $\frac{3}{1000} = $ _____

e) $\frac{12}{1000} = $ _____  f) $\frac{16}{1000} = $ _____  g) $\frac{31}{1000} = $ _____  h) $\frac{41}{1000} = $ _____

**Ein Tipp:** Nicht immer geht es so einfach. In vielen Fällen musst du den Vergleichsbruch so umformen, damit er den Nenner 1000 hat. Das hast du aber schon beim Bruchrechnen gelernt.

# Wir wandeln um in Promille

*2. Wie viel Promille sind das? Schreibe wie im Beispiel.*

**Ein Tipp:** Mache zum Erweitern oder Kürzen nach dem Bruch einen Strich.

**Beispiel:**

$\frac{4}{250}$ / · 4 (erweitern)          $\frac{9}{300}$ / : 3 (kürzen)

$\frac{16}{1000}$ = 16 ‰          $\frac{3}{100}$ / · 10 (erweitern)

$\frac{30}{1000}$ = 30 ‰

a) $\frac{3}{200}$ = _____          b) $\frac{2}{100}$ = _____

c) $\frac{7}{500}$ = _____          d) $\frac{6}{250}$ = _____

e) $\frac{3}{300}$ = _____          f) $\frac{4}{400}$ = _____

g) $\frac{9}{600}$ = _____          h) $\frac{7}{350}$ = _____

i) $\frac{5}{125}$ = _____          j) $\frac{40}{250}$ = _____

k) $\frac{90}{150}$ = _____          l) $\frac{80}{200}$ = _____

*3. Verwandle die Promillesätze in Brüche und kürze soweit wie möglich. Schreibe wie im Beispiel.*

**Beispiel:** 35 ‰ = $\frac{35}{1000}$ / : 5 = $\frac{7}{200}$

a) 45 ‰ = _____          b) 30 ‰ = _____

c) 22 ‰ = _____          d) 35 ‰ = _____

e) 40 ‰ = _____          f) 36 ‰ = _____

g) 52 ‰ = _____          h) 75 ‰ = _____

i) 80 ‰ = _____          j) 55 ‰ = _____

k) 105 ‰ = _____          l) 210 ‰ = _____

m) 120 ‰ = _____          n) 320 ‰ = _____

# Übungsaufgaben

*4. Ergänze die Tabelle und berechne die fehlenden Werte. Schreibe wie im Beispiel.*

| Monat | Umsatz | Provision | Anteil | Tausendstel | Promille |
|-------|--------|-----------|--------|-------------|----------|
| Oktober | 24 000 € | 216 € | $\frac{216}{24000}$ | $\frac{9}{1000}$ | 9 ‰ |
| November | 36 000 € | 108 € | | | |
| Dezember | 41 000 € | | $\frac{82}{41000}$ | | |
| Januar | 12 000 € | | | | 5 ‰ |
| Februar | | | $\frac{320}{16000}$ | | |

## Übersicht: Promillewert – Grundwert – Promillesatz

**Tipp:** Zu Beginn gleich einige wichtige Begriffe, die bei den Promillerechnungen wichtig sind:

**Promillewert:** Er gibt den Anteil in der angegebenen Einheit an (z. B. €).

**Grundwert:** Er entspricht 1000 ‰ und ist das Ganze.

**Promillesatz:** Er gibt den Anteil in Promille an.

## Wir berechnen den Promillewert

**Beispiel:** Familie Möhner schließt eine Reiseversicherung in Höhe von 4000 €
ab und zahlt 7 ‰ Versicherungsbeitrag. Wie viel € sind das?

**geg:** Grundwert:   4 000 €M          **ges.:** Promillewert
Promillesatz: 7 ‰

1000 ‰ = 4 000
   1 ‰ = 4 000 : 1000 = 4
   7 ‰ = 4 • 7 = **28 [€]**

*1. Berechne den Promillewert. Rechne wie im obigen Beispiel.*

a) Grundwert: 1 200 €
   Promillesatz: 2 ‰

_____

_____

_____

b) Grundwert: 2 500 €
   Promillesatz: 1,2 ‰

_____

_____

_____

c) Grundwert: 4 500 €
   Promillesatz: 3 ‰

_____

_____

_____

d) Grundwert: 7 900 €
   Promillesatz: 4,5 ‰

_____

_____

_____

e) Grundwert: 4 350 €
   Promillesatz: 7 ‰

_____

_____

_____

f) Grundwert: 5 980 €
   Promillesatz: 8,5 ‰

_____

_____

_____

g) Grundwert: 7 540 €
   Promillesatz: 6 ‰

_____

_____

_____

h) Grundwert: 6 498 €
   Promillesatz: 8 ‰

_____

_____

_____

i) Grundwert: 450,60 €
   Promillesatz: 6 ‰

_____

_____

_____

j) Grundwert: 1 240,70 €
   Promillesatz: 9 ‰

_____

_____

_____

k) Grundwert: 15,07 €
   Promillesatz: 2 ‰

_____

_____

_____

l) Grundwert: 6 410,16 €
   Promillesatz: 1,5 ‰

_____

_____

_____

# Wir berechnen den Grundwert

**Beispiel:** Landwirt Begner hat sein Anwesen gegen Brand versichert. Er zahlt 1,5 %o der versicherten Summe als Beitrag, das sind 525 €. Wie hoch ist sein Hof versichert?

**geg.:** Promillewert: 525 €                    **ges.:** Grundwert
          Promillesatz: 1,5 %o

$$1,5 \ \%o = 525$$
$$1 \ \%o = 525 : 1,5 = 350$$
$$1000 \ \%o = 350 \cdot 1000 = \mathbf{350\ 000} \ \mathbf{[€]}$$

*2. Berechne den Grundwert. Rechne wie im obigen Beispiel.*

a) Promillewert: 28 €
   Promillesatz: 7 %o

_____

_____

_____

b) Promillewert: 38 €
   Promillesatz: 4 %o

_____

_____

_____

c) Promillewert: 440 €
   Promillesatz: 1,1 %o

_____

_____

_____

d) Promillewert: 180 €
   Promillesatz: 3 %o

_____

_____

_____

e) Promillewert: 15 €
   Promillesatz: 6 %o

_____

_____

_____

f) Promillewert: 405 €
   Promillesatz: 9 %o

_____

_____

_____

g) Promillewert: 1 100 €
   Promillesatz: 5,5 %o

_____

_____

_____

h) Promillewert: 470 €
   Promillesatz: 4 %o

_____

_____

_____

i) Promillewert: 180 €
   Promillesatz: 9 %o

_____

_____

_____

j) Promillewert: 6 400 €
   Promillesatz: 8 %o

_____

_____

_____

# Wir berechnen den Promillesatz

**Beispiel:** Frau Späth schließt eine Hausratversicherung in Höhe von 45 000 € ab und zahlt dafür 78,75 € Prämie. Wie viel Promille sind das?

**geg.:** Grundwert: 45 000 €   **ges.:** Promillesatz
   Promillewert: 78,75 €

1000 $°/_{oo}$ = 45 000
  1 $°/_{oo}$ = 45 000 : 1000 = 45
78,75 : 45 = **1,75 [$°/_{oo}$]**

*3. Berechne den Promillesatz. Rechne wie im obigen Beispiel.*

a) Grundwert: 81 000 €
 Promillewert: 162 €

b) Grundwert: 4 700 €
 Promillewert: 16,45 €

c) Grundwert: 7 300 €
 Promillewert: 23,36 €

d) Grundwert: 98 000 €
 Promillewert: 539 €

e) Grundwert: 12 500 €
 Promillewert: 375 €

f) Grundwert: 44 400 €
 Promillewert: 355,20 €

g) Grundwert: 9 700 €
 Promillewert: 81,48 €

h) Grundwert: 14 600 €
 Promillewert: 262,80 €

i) Grundwert: 14 000 €
 Promillewert: 133 €

j) Grundwert: 90 000 €
 Promillewert: 891 €

4. Berechne die fehlenden Werte. Rechne wie in den obigen Beispielen.

| | a) | b) | c) | d) | e) | f) |
|---|---|---|---|---|---|---|
| Grundwert | 44 500 € | 65 000 € | ? | 71 000 € | 46 200 € | ? |
| Promillewert | ? | 110,50 € | 425,27 € | ? | 115,50 € | 418 € |
| Promillesatz | 1,5 ‰ | ? | 4,3 ‰ | 7,6 ‰ | ? | 3,8 ‰ |

| | g) | h) | i) | j) | k) | l) |
|---|---|---|---|---|---|---|
| Grundwert | 25 000 € | ? | 73 000 € | 95 000 € | ? | 93 000 € |
| Promillewert | ? | 629 € | ? | 232,75 € | 840,27 € | ? |
| Promillesatz | 8,6 ‰ | 3,7 ‰ | 1,25 ‰ | ? | 7,57 ‰ | 1,85 ‰ |

a) _____

b) _____

c) _____

d) _____

e) _____

f) _____

g) _____

h) _____

i) _____

j) _____

k) _____

l) _____

# Sachaufgaben in kleinen Schritten lösen

**Ein Tipp:** Auch beim Promillerechnen wird immer von der Jahresprämie ausgegangen.

*1. Ein Hausbesitzer schließt für sein Haus eine Feuerversicherung in Höhe über 290 000 € ab. Er zahlt 5,5 %₀ Prämie. Wie viel € sind das?*

**Wir wissen:** _____

_____

**Wir fragen:** _____

**Wir rechnen:**

**Wir antworten:** _____

*2. Für eine Hausratversicherung über 55 000 € müssen 82,50 € Prämie gezahlt werden. Wie viel Promille sind das?*

**Wir wissen:** _____

_____

**Wir fragen:** _____

**Wir rechnen:**

**Wir antworten:** _____

3. Herr Friebe zahlt für eine Versicherung jährlich 150 € Prämie, das sind 2,5 ‰ der Versicherungssumme. Wie hoch ist diese?

**Wir wissen:** _____

_____

**Wir fragen:** _____

**Wir rechnen:**

**Wir antworten:** _____

4. Bei einem jährlichen Prämiensatz von 20 ‰ zahlt Herr Fischer für seine Lebensversicherung monatlich 55 € Prämie. Wie hoch ist er versichert?

**Wir wissen:** _____

_____

**Wir fragen:** _____

**Wir rechnen:**   Berechnung der jährlichen Zahlung:

Berechnung der Versicherungssumme:

**Wir antworten:** _____

5. Frau Franz schließt einen Bausparvertrag über 80 000 € ab und zahlt 576 €
   Vermittlungsgebühr. Wie viel Promille sind das?

**Wir wissen:** _____

_____

**Wir fragen:** _____

**Wir rechnen:**

**Wir antworten:** _____

6. Zwei Hausbesitzer vergleichen ihre Hausratversicherungen. Herr Clemens zahlt eine
   Prämie von 218,40 € für eine Versicherungssumme von 56 000 €, Herr Danke zahlt für
   eine Versicherungssumme von 61 000 € eine Prämie von 250,10 €.
   Wer ist günstiger versichert?

**Wir wissen:** _____

_____

**Wir fragen:** _____

**Wir rechnen:** Prämie in Promille des Herrn Clemens:

Prämie in Promille des Herrn Danke:

**Wir antworten:** _____

_____

7. Herr Knödlich hat eine Hausratversicherung und eine private Haftpflichtversicherung bei der gleichen Versicherungsgesellschaft abgeschlossen. Für beide Versicherungen zahlt er im Jahr 238 €. Die Hausratversicherung ist mit 40 000 € abgeschlossen. Dafür zahlt er Herr Knödlich 148 €. Für die Haftpflichtversicherung zahlt er im Jahr 0,09 %₀ Prämie.
a) Wie viel Promille zahlt er für die Hausratversicherung?
b) Wie hoch ist die Versicherungssumme für die private Haftpflichtversicherung?

**Wir wissen:** _____

_____

**Wir fragen:** _____

**Wir rechnen:**   Hausratversicherung:




private Haftpflichtversicherung:




**Wir antworten:** _____

8. Beim Kauf von Aktien steht dem Börsenmakler eine Provision in Höhe von 1,5 %₀ des Kurswertes zu. Ein Makler kauft 350 Aktien zum Kurswert von 325,40 €.
Wie hoch ist seine Provision?

**Wir wissen:** _____

_____

**Wir fragen:** _____

**Wir rechnen:**




**Wir antworten:** _____

9. *Für einen Bausparvertrag sind monatlich 85 € zu zahlen, das sind 2,5 %₀ der Bausparsumme.*
   *a) Wie hoch ist die Bausparsumme?*
   *b. Der Bausparvertrag wird um 16 000 € aufgestockt. Wie hoch ist jetzt die monatliche Sparleistung in Euro?*
   *c) Wie viel € sind monatlich für einen Bausparvertrag von 90 000 € zu zahlen.*

**Wir wissen:** _____

_____

_____

**Wir fragen:** _____

_____

**Wir rechnen:**  Berechnung der Bausparsumme:




Berechnung der monatlichen Belastung:




Berechnung der monatlichen Belastung bei einer Summe von 90 000 €:




**Wir antworten:** _____

_____

_____

10. *Der Inhaber einer Schreinerei versichert sein Anwesen gegen Feuer:*
   *Einrichtung der Schreinerei: 45 000 €, Prämie: 0,75 %o;*
   *Lagerbestände: 110 000 €, Prämie: 1,75 %o;*
   *Wohngebäude: 85 000 €, Prämie: 1,2 %o.*
   *Auf die Prämien werden noch 10 % Versicherungssteuer und insgesamt*
   *5 € Spesen aufgeschlagen.*
   *Wie viel Euro zahlt der Schreiner im Jahr an die Versicherung?*

**Wir wissen:** _____

_____

**Wir fragen:** _____

**Wir rechnen:**   Schreinerei:                Lager:

Wohngebäude:                Versicherungssteuer:

Gesamtsumme:

**Wir antworten:** _____

_____

_____

11. *Der Inhaber einer Kfz–Werkstatt versichert sein gesamtes Anwesen gegen Feuer.*
*Folgende Versicherungspolicen werden ausgestellt:*
*Mobiliar seines Hauses: 45 000 €; Prämie: 1,25 %/₀₀*
*Einrichtung der Werkstatt: 60 000 €; Prämie: 2,5 %/₀₀*
*Gebrauchtwagen: 100 000 €; Prämie: 1,875 %/₀₀.*
*An Versicherungssteuer fallen 10 % der Prämien an, außerdem 15 € Bearbeitungsgebühr.*
*Wie viel zahlt er im 1. Jahr?*

**Wir wissen:** _____

_____

_____

_____

_____

**Wir fragen:** _____

_____

**Wir rechnen:**     Berechnung der Prämie für das Mobiliar:

Berechnung der Prämie für die Werkstatt:

Berechnung der Prämie für die Gebrauchtwagen:

Berechnung der Versicherungssteuer:

Berechnung der gesamten Zahlung:

**Wir antworten:** _____

12. Ein Goldschmied hat einen 30 g-Barren einer Metallmischung aus Gold und Kupfer.
Der Barren trägt den Stempel 900, das heißt es sind 900 °/₀₀ Goldanteil in der Legierung
enthalten.
a) Wie viel Gramm Gold enthält der Barren tatsächlich?
b) Der Goldschmied hat 36 g Gold. Wie schwer wird ein Goldbarren, der wieder den
Stempel 900 tragen soll?

**Wir wissen:** _____

_____

_____

_____

**Wir fragen:** _____

_____

**Wir rechnen:**    Berechnung des Goldanteils:




            Berechnung des Goldbarrens:




**Wir antworten:** _____

# Lösungen

**Seite 6,** **Nr. 1:** **a:** 10,56 €; **b:** 881,50 €;

**Seite 7,** **Nr. 1:** **c:** 23,25 €; **d:** 1 517,55 €; **e:** 2,13 €; **f:** 4 640 €; **g:** 28,83 €;
**h:** ≈ 1 701,68 €; **i:** 75,39 €; **j:** ≈ 1 088,51 €; **k:** ≈ 166,59 €;
**l:** ≈ 819,11 €; **m:** ≈ 1,04 €; **n:** 21 016,24 €

**Seite 8,** **Nr. 2:** **a:** ≈ 33,10 €; **b:** ≈ 1 060,03 €; **c:** ≈ 16,79 €; **d:** ≈ 4 871,12 €;
**e:** ≈ 1,43 €; **f:** 14 146,38 €; **g:** ≈ 1,63 €; **h:** ≈ 4 499,87 €;

**Seite 9,** **Nr. 1:** **a:** 250 €; **b:** 190 000 €; **c:** ≈ 7 246,38 €; **d:** 144 000 €; **e:** 4 000 €;
**f:** 81 100 €; **g:** 30 000 €; **h:** 22 000 €; **i:** ≈ 17 422,22 €;
**j:** ≈ 73 888,89 €; **k:** ≈4 073,48 €; **l:** 79 500 €;

**Seite 10,** **Nr. 2:** **a:** ≈ 11 093,41 €; **b:** ≈ 32 141,03 €; **c:** ≈ 1 328,73 €; **d:** 818 750 €;
**e:** 450 €; **f:** ≈ 13 263,67 €; **g:** ≈ 586,47 €; **h:** ≈28 442,86 €;
**i:** 520 €; **j:** 50 370,37 €; **k:** 2 300 €; **l:** ≈ 117,98 €;
**m:** 82 €; **n:** ≈ 98 526,32 €; **o:** ≈ 7 337,97 €; **p:** ≈ 687 894,73 €;
**q:** ≈ 508,44 €; · **r:** 116 560 €;

**Seite 11,** **Nr. 1:** **a:** 3,2 %; **b:** 6,1 %; **c:** 1,4 %; **d:** 0,78 %; **e:** 2 %;
**f:** ≈ 2,75 %; **g:** 4,5 %; **h:** 0,97 %;

**Seite 12,** **Nr. 1:** **i:** 4 %; **j:** 1,05 %; **k:** 1,7 %; **l:** 1,1 %; **m:** 2 %; **n:** 2,8 %;

**Nr. 2:** **a:** 2,5 %; **b:** 6,24 %; **c:** ≈ 1,3 %; **d:** 4,43 %; **e:** 4 %; **f:** 4,2 %;
**g:** 1,6 ; **h:** ≈ 4,53 %;

**Seite 13,** **Nr. 2:** **i:** 1,5 %; **j:** 2,25 %; **k:** 5,5 %; **l:** 3,5 %;

**Nr. 1:** **a:** 8 510 €; **b:** 2,5 %; **c:** 356,25 €; **d:** 43 000 €; **e:** ≈ 1,9 %;
**f:** 10,22 €; **g:** 606 000 €;

**Seite 14,** **Nr. 2:** **a:** 1 016,25 €; **b:** 3,6 %; **c:** 47,40 €; **d:** 350 000 €; **e:** 2,85 %;
**f:** ≈ 11,29 €; **g:** ≈ 24 868,57 €;

**Nr. 3:** **a:** Darlehen: 356 250 €; Zinsen: ≈13 359,38 €;
**b:** Tilgung: 5 343,75 €;

**Nr. 4:** 205 000 €;

**Seite 15,** **Nr. 5:** 2,3 %;

**Nr. 6:** Sparkasse: 41,25 €; Volksbank: 2,9 %; Volksbank ist besser;

**Seite 16,** **Nr. 7:** **a:** Freund: 300 €; Bank: 1 775,50 €; **b:** ≈ 5,7 %;

**Nr. 8:** Zinsen: 25 €; 50 %; Die Zinsen sind zu hoch;

**Seite 17,** **Nr. 9:** Wert der Milch: 126 €; Zinssatz: 12,6 %;

**Nr. 10:** Zinsen: 210 €; 2,8 %;

**Seite 18,** **Nr. 11:** 1 700 €;

**Nr. 12:** Zinsen: 157,50 €; Fehlbetrag: 105 €;

**Seite 19,** **Nr. 13:** **a:** Bank A: 1 025 €; Bank B: Zinssatz: 3,9 %; Zinsen: 975 €;
Bank C: Zinssatz: 4 %; Zinsen: 1 000 €; **b:** Bank B;

**Seite 20,** **Nr. 1:** **a:** ≈ 7,12 €; **b:** ≈ 5 979,17 €; **c:** 5,63 €; **d:** ≈ 1 575,33 €;

**Seite 21,** **Nr. 1:** **e:** 75,25 €; **f:** ≈ 916,67 €; **g:** 1 207,50 €; **h:** ≈ 404,60 €;

**Nr. 2:** **a:** 89,25 €; **b:** 5 775 €; **c:** 157,29 €; **d:** ≈ 3 943,13 €;
**e:** ≈ 24,83 €; **f:** ≈ 88,34 €; **g:** ≈ 4,25 €; **h:** ≈ 1 431,48 €;

**Seite 22,** **Nr. 1:** **a:** ≈ 7,11 €; **b:** ≈ 629,94 €; **c:** ≈ 19,73 €; **d:** ≈ 4 264 17 €;
**e:** ≈ 0,58 €; **f:** ≈ 3 501,75 €;

**Seite 23,** **Nr. 2:** **a:** ≈ 267,98 €; **b:** ≈ 697,50 €; **c:** ≈ 837,08 €; **d:** ≈ 317,93 €;
**e:** ≈ 90,70 €; **f:** ≈ 362,30 €;

**Seite 24,** **Nr. 1:** **a:** ≈ 35 121,95 €; **b:** ≈ 14 545,45 €; **c:** 30 000 €; **d:** ≈ 62 068,97 €;
**e:** 27 000 €; **f:** ≈ 85 450,55 €; **g:** 25 214,40 €; **h:** ≈ 29 842,11 €;

**Seite 25,** **Nr. 2:** **a:** ≈ 38 499,86 €; **b:** ≈ 64 937,14 €; **c:** ≈ 21 796,43 €;
**d:** 5 808 €; **e:** 190 000 €; **f:** ≈ 20 479,76 €;

**Nr. 3:** **a:** ≈ 25 331,18 €; **b:** 466 285,68 €; **c:** ≈ 43 586,78 €;
**d:** ≈ 10 071,43 €; **e:** ≈ 181 894,73 €; **f)** ≈ 7 081,90 €

**Seite 26,** **Nr. 1:** **a:** 3 %; **b:** 3,5 %; **c:** 6 %; **d:** 5,5 %;

**Seite 27,** **Nr. 1:** **e:** ≈ 1,39 %; **f:** ≈ 4,78 %; **g:** ≈ 4 %; **h:** 5 %;

**Nr. 2:** **a:** 5 %; **b:** 4,2 %; **c:** ≈ 3,75 %; **d:** ≈ 3,4 %;
**e:** ≈ 2,3 %; **f:** 9 %;

**Seite 28,** **Nr. 3:** **a:** 5 %; **b:** 3,9 %; **c:** 5,5 % **d:** ≈ 6,5 %; **e:** 2,5 %; **f:** ≈ 2,71 %;

**Seite 29,** **Nr. 1:** **a:** 7 Monate oder 210 Tage; **b:** 4 Monate; **c:** ≈ 6 Monate;
**d:** 5 Monate; **e:** 498 Tage; **f:** 7 Monate; **g:** ≈ 4,5 Monate;
**h:** ≈ 7 Monate; **i)** ≈ 249 Tage; **j)** = 15 Monate;

**Seite 30,** **Nr. 2:** **a:** 8 760 €; **b:** 4 %; **c:** 357 €; **d:** 130 Tage; **e:** 19 200 €;
**f:** 6 %; **g:** 464,40 €; **h:** 4,8 % €; **i:** 100,32 €; **j:** ≈ 250 Tage;

**Seite 31,** **Nr. 1:** a: 340/341 Tage;· **b:** 173/174 Tage; **c:** 126/127 Tage;

**Seite 32, Nr. 1:** **d**: 349/350 Tage; **e:** 174/175;

**Nr. 2:** **a:** Zeitraum: 72 Tage; 5 %;
**b:** Zeitraum: 56 Tage; 10,64 €;

**Seite 33, Nr. :** **c:** Zeitraum: 81 Tage; ≈ 47 437,04 €;
**d:** Zeitraum: 266 Tage; ≈ 6,73 %;
**e:** Zeitraum: 298 Tage; ≈ 3 943,53 €;
**f:** Zeitraum: 104 Tage; ≈ 30 769,23 €;
**g:** Zeitraum: 29 Tage; 2,5 %;
**h:** Zeitraum: 359 Tage; ≈ 755,77 €;

**Seite 37, Nr. 1:** **a:** 197 260,27 €; **b:** ≈ 1,66 %; **c:** 2 667,50; **d:** ≈ 7 Monate;

**Seite 38, Nr. 1:** **e:** 21 000 €; **f:** 5 %; **g:** ≈ 353,63 €; **h:** 11 700,19 €; · **i:** 21 Jahre;
**j:** 1,5 %;

**Seite 39, Nr. 1:** **a:** ≈ 183,93 €; **b:** 475 €; **c:** ≈ 387,88 €; **d:** ≈ 295,38 €;

**Seite 40, Nr. 1:** **e:** ≈ 563,33 €; **f:** 2 688,75 €;

**Nr. 2:** **a:** 2 445,52 €; **b:** ≈ 11 954,86 €; **c:** 1 050 €; **d:** 1 160,70 €;
**e:** ≈ 3 107,29 €; **f:** 4 042,50 €; **g:** 1 593,75 €; **h:** ≈ 6 871,67 €;
**i:** 5 440 €; **j:** ≈ 16 783,33 €;

**Seite 42, Nr. 1:** Darlehen: 54 000 €; 267,30 €;
**Nr. 2:** Sparsumme: 80 000 €; 243,60 €;
**Nr. 3:** Darlehen: 44 400 €; 203,50 €;
**Nr. 4:** Darlehen: 42 000 €; 122,85 €;
**Nr. 5:** Darlehen: 84 000 €; Bausparsparsumme: 140 000 €;
**Nr. 6:** Darlehen: 51 000 €; 4,3 %;
**Nr. 7:** Sparsumme: 130 000 €; 2 %;

**Seite 43, Nr. 1:** Zinsen: 562,50 €; Gesamtrückzahlung: 15 562,50 €;

**Nr. 2:** 42 000 €;

**Seite 44, 3:** 2,5 %;

**Nr. 4:** **a:** Monika: 18 000 €; Rita: 11 250 €; Franz: 15 750 €;
**b:** 708,75 €;

**Seite 45, Nr. 5:** **a:** Darlehen 1: Zinsen: 6 300 € jährlich, 525 € monatlich;
Darlehen 2: Summe: 150 000 €; Zinsen: 6 240 € jährlich,
500 € monatlich; Monatszinsen für beide Darlehen: 1 025 €;
**b:** jährliche Tilgung Darlehen 1: 3 600 €, monatlich: 300 € Darlehen 2:
2 250 € jährlich, 187,50 € monatlich; jährliche Tilgung: 5 850 €;
**c:** monatliche Belastung: 1 512,50 €; ≈ 17,4 %;

**Seite 46, Nr. 6:** Jahreszinsen: 540 €; 5,4 %; 7: Zinsen: 42 €; Rückzahlung: 1 542 €;

**Nr. 7:** Zinsen: 42 €; Rückzahlung: 1 542 €;

**Seite 47, Nr. 8:** Zinsen (Sparbuch): 120 €; Zinsen (Sparbrief): 255 €;
Zinssatz (Sparbrief): 3 %

**Nr. 9:** 48 Monate oder 4 Jahre;

**Seite 48,** **Nr. 10:** monatliche Zinsen für drei Fünftel (72 000 €): 274,20 €; es fehlen monatlich 125,80 €;       Zinssatz für 48 000 €: ≈ 3,15 %;

**Nr. 11:** jährliche Einnahmen: 4 200 €;   jährliche Zinsen: 4 725 €;  Belastung: 525 €;

**Seite 49,** **Nr. 12:** Karin: 2,5 %;      Marianne: 2,8 %;      Marianne hat das Geld besser angelegt;

**Nr. 13:** Zeit: 274 Tage;      ≈ 1 255,83 €;

**Seite 50,** **Nr. 14:** 10 500 €;

**Nr. 15:** Zinssatz: 18 %;      das ist zu hoch;

**Seite 51,** **Nr. 16:** Wert der Eier in einem Jahr: 129,60 €;      Zinssatz: 25,92 %; ja, denn die Verzinsung ist sehr hoch

**Nr. 17:** Zeit: 215 Tage;      14 400 €;

**Seite 52,** **Nr. 18:** Zeit: 216 Tage;      Zinssatz: 6,1 %;

**Nr. 19:** **a:** Tageszinsen: 0,625 €;      Zeit: 220 Tage = 7 Monate 10 Tage; **b:** 21. November;

**Seite 53,** **Nr. 20:** Gesamtzahlung in 3 Jahren: 1 360 €;      Zinsen für 3 Jahre: 710 €; Jahreszinsen: ≈ 236,67 €;      Zinssatz: ≈ 36,41 %;

**Nr. 21:** Nettomieteinnahmen jährlich: 47 100 €;      Kaufpreis: 692 647,05 €;

**Seite 54,** **Nr. 22:** 1. Zahlung: Zinsen für 35 000 € für 4 Monate: 490 €; 17 500 € + 490 € = 17 990 €; 2. Zahlung: 17 500 € + 306,25 € = 17 806,25 €;

**Nr.. 23:** jährlicher Zuschuss: 12 600 €;      Summe: 210 000 €;

**Seite 55,** **Nr. 24:** Zinssatz zum Ende des 1. Jahres: 2,75 %;      48,66 € Zinsen;

**Seite 56,** **Nr. 25:** **a:** Herr Argus: 60 € (Monat);      720 € (Jahr); Frau Percher: 47,50 € (Monat);      570 € (Jahr); **b:** Zinssatz Herr Argus: 4,8 %;      Zinssatz Frau Percher: 4,75 %; Frau Percher hat das günstigere Darlehen;

**Nr. 26:** jährlicher Zins: 180 €;      Zinssatz: 3 600 %;

**Seite 57,** **Nr. 27:** Gesamtbetrag: 12 000 €;      Jahreszinsen: 2 000 €;      Zinssatz: 20 %;

**Nr. 28:** Stipendien: 4 675 €;      Kapital: 85 000 €;

**Seite 58,** **Nr. 29:** a: Zeit: 5 Monate;      12. Juli;    **b:** Zeit: 168 Tage; Summe: ≈ 17 088,13 €;·

**Seite 59** **Nr. 30:** Rechnungshöhe nach Abzug des Skonto: 7 275 €; Zinsen für 7 275 € (30 Tage): 39,40 €;      Ersparnis: 185,60 €; es lohnt sich;

**Nr. 31:** **a:** 220 Tage;      **b:** 21,82 %

**Seite 60,** **Nr. 32:** **a:** 180 000 €;    **b:** 270 000 €;    **c:** 1 068,75 €;    **d:** 4 050 €;

**Seite 61, Nr. 33:** Lieferantenkredit: Höhe: 50 000 €;    Zinsen: 1 500 €;
Bankdarlehen: Höhe: 25 000 €;    Zinsen: 1 068,75 €;
Gesamtzinsen: 2 568,75 €;

**Seite 62, Nr. 34:** **a:** Grunderwerbssteuer: 1 280 €;    Kosten: 27 600 €;
**b:** Darlehenshöhe: 11 600 €;    Zinsen: ≈ 394,72;
Gesamtkosten: 27 994,72 €;
**c:** ≈ 39 192,61 €;
**d:** ≈ 2 351,56 €;

**Seite 63, Nr. 35:** **a:** 1 400 €;
**b:** Kreditsumme: 36 000 €;    6 %;
**c:** Zinsen für ursprünglichen Kredit (4 Monate): 1 440 €;
Zinsen für 20 000 € (8 Monate): ≈ 733,33 €;
Zinsen für 36 000 € (8 Monate): 1 440 €;    Gesamtzinsen: 3613,33 €;
**d:** 586,67 €;

**Seite 64, Nr. 36:** **a:** Preis des Wagens zum Jahresende: 50 290 €;
Höhe des Sparkontos zum Jahresende: 31 350 €;
Betrag, der angespart werden muss: 18 940 €;
**b:** Zinsen für 17 000 €: 1 445 €;    Preis des Autos: 48 445 €;
**c:** die zweite Möglichkeit ist die kostengünstigere;

**Seite 65, Nr. 37:** **a:** 843,75 €;    **b:** tatsächliches Kapital: 16 125 €;    Verzinsung: ≈ 5,23 %;

**Seite 66, Nr. 38:** **a:** 55 000 €;
**b:** 1. Hypothek: ≈ 476,67 €;    2. Hypothek: ≈ 316,67 €;
Bauspardarlehen: 175 €;    Gesamtzinsen (monatlich): 968,34 €;
**c:** 1. Hypothek: 1 870 €;    2. Hypothek: 720 €;    Bauspardarlehen: 3 000 €;
Gesamttilgung (jährlich): 5 590 €;
**d:** Zinsen für Arbeitgeberdarlehen: 1 378,92 €;    ≈ 2,51 %;

**Seite 67, Nr. 39:** Einnahmen (Mieten im Jahr – Unkosten): 33 900 €;    Verzinsung: 48 000 €;
Restbetrag: 14 100 € (Jahr);    eigene Monatsmiete: 1 175 €;

**Seite 68, Nr. 40:** **a:** Betrag nach der letzten Abhebung: 460 €;
**b:** 1.1. – 1.3.: Guthaben: 720 €;    Zinsen: 3,60 €;
1.3. – 1.6.: Guthaben: 240 €;    Zinsen: 1,80 €;
1.6. –1.8.: Guthaben: 490 €;    Zinsen: 2,45 €;
1.8. – 1.12.: Guthaben: 920 €;    Zinsen: 9,20 €;
1.12. –31.12.: 460 €;    Zinsen: 1,15 €;    Gesamtzinsen: 18,20 €;
**c:** Guthaben 720 €;    Zinsen: 21,60 €

**Seite 69, Nr. 41:** **a:** Zeit: 42 Tage;    600 €;    **b:** 606,30 €;

**Seite 70, Nr. 42:** **a:** Zeit: 11 Monate;    17,60 €;
**b:** Mehrpreis: 15,92 € für 398 € für 4 Monate;    12 %;
**c:** Ediths Schwester erhält das Vierfache an Zinsen (70,40 €), da sie den
doppelten Betrag zum doppelten Zinssatz anlegt;

**Seite 71, Nr. 43:** **a:** Zinsen bis zum 31.12.: 618,75 €;    Betrag zum 31.12.: 15 618,75 €;
**b:** Zinsen zum 31.3.: ≈ 273,33 €;    Betrag zum 31.3.: 15 892,08 €;
**c:** ≈ 5,9 %;

**Seite 72, Nr. 44:** **a:** 54 000 €;
**b:** Anlagebetrag für 2014: 55 856,25 €;    Zinsen 2014: 2 272,86 €;
Zinssatz: 4 %;
**c:** Zinsen insgesamt: 4 090,05 €;    ≈ 7,58 %;

**Seite 73, Nr. 45:** **a:** Zinsen für 30 Tage: 37,50 €;    Zinsen für 4 Monate: 180 €;
**b:** 6 %;
**c:** 232,50 €;

**Seite 74, Nr. 46:** Monatszinsen für Arbeitgeberdarlehen: 500 €;    Bankdarlehen: 90 000 €;
Monatszinsen: 450 €;    Gesamtzinsen: 950 €;
ein Drittel des Monatseinkommens: 1 230 €;
er kann sich die Wohnung leisten;

**Seite 75, Nr. 47:** **a:** Zinsen + Tilgung für 11,5 Monate: 18 400 €;
Wartung für 11,5 Monate: 11 040 €;    Gesamtunkosten: 29 440 €;
**b:** Lohneinsparung in 11,5 Monaten: 39 100 €;
Gesamteinsparung im 1.Jahr: 9 660 €;

**Seite 76, Nr. 48:** Zinsen für 45 000 €: 2 025 €;    Zinsen für 22 000 €: 1 144 €;
Zinsen des ursprünglichen Darlehens im halben Jahr:
(2 025 € + 1 144 €):2 + 1 598 € = 3 182,50 € (im halben Jahr);
Zinssatz für das ursprüngliche Darlehen: 9,5 %;

**Seite 77, Nr. 49:** Zinsen 16.3.–31.12. (285 Tage): ≈ 748,13 €;
1. Rückzahlung: 9 748,13 €;
Zinsen 1.1.–13.11. (314 Tage): ≈ 412,13 €;
2. Rückzahlung: 9 412,13 €;

**Seite 78, Nr. 50:** **a:** Zinsen von der Bank (für 4 200 €): 147 €;
Zinsen für die Geschäftseinlage: 676,20 €;
Zinssatz bei der Geschäftseinlage: 8,05 %;
**b:** Steuern: ≈ 181,10 €;    Gewinn: 642,10 €;
**c:** ≈ 5,1 %;

**Seite 79, Nr. 51:** **a:** Zinsen vom 1.1.– 30.9.(9 Monate): 405 €;
Rückzahlung zum 30.9.: 12 405 €;
**b:** Zinsen für Gesamtbetrag (3 Monate): ≈ 229,50 €;
Betrag zum Jahresende: 12 634,50 €;
**c:** Gesamtzinsen: 634,50 €;    Zinssatz: ≈ 5,29 %;

**Seite 80, Nr. 52:** Bankdarlehen: 450 000 € – 60 000 € – 120 000 € (Bausparsumme)
– 15 000 € – 22 500 € (Eigenleistung) = 232 500 €;
Zins und Tilgung für Bankdarlehen: 15 228,75 €;
Zins und Tilgung für Bauspardarlehen (72 000 €): 5 238 €;
Gesamtbelastung: 22 556,75 €;    monatlich: 1 879,73 €

**Seite 81, Nr. 1:** **a:** 7 %oo;    **b:** 9 %oo;    **c:** 15 %oo;    **d:** 3 %oo;    **e:** 12 %oo;
**f:** 16 %oo;    **g:** 31 %oo;    **h:** 41 %oo;

**Seite 82, Nr. 2:** **a:** 15 %o; **b:** 20 %o; **c:** 14 %o; **d:** 24 %o; **e:** 10 %o;
**f:** 10 %o; **g:** 15 %o; **h:** 20 %o; **i:** 40 %o;
**j:** 160 %o; **k:** 600 %o; **l:** 400 %o;

**Nr. 3** **a:** $\frac{9}{200}$; **b:** $\frac{3}{100}$; **c:** $\frac{11}{500}$; **d:** $\frac{7}{200}$; **e:** $\frac{1}{25}$; **f:** $\frac{9}{250}$; **g:** $\frac{13}{250}$;
**h:** $\frac{3}{40}$; **i:** $\frac{2}{25}$; **j:** $\frac{11}{200}$; **k:** $\frac{21}{200}$; **l:** $\frac{21}{100}$; **m:** $\frac{3}{25}$; **n:** $\frac{8}{25}$;

**Seite 83, Nr. 4:**

| Monat | Umsatz | Provision | Anteil | Tausendstel | Promille |
|---|---|---|---|---|---|
| Oktober | 24 000 € | 216 € | $\frac{216}{24000}$ | $\frac{9}{1000}$ | 9 %o |
| November | 36 000 € | 108 € | $\frac{108}{36000}$ | $\frac{3}{1000}$ | 3 %o |
| Dezember | 41 000 € | 82 € | $\frac{82}{41000}$ | $\frac{2}{1000}$ | 2 %o |
| Januar | 12 000 € | 60 € | $\frac{60}{12000}$ | $\frac{5}{1000}$ | 5 %o |
| Februar | 16 000 € | 320 € | $\frac{320}{16000}$ | $\frac{20}{1000}$ | 20 %o |

**Seite 84, Nr. 1:** **a:** 2,40 €; **b:** 3 €; **c:** 13,50 €; **d:** 35,55 €; **e:** 30,45 €;
**f:** 50,83 €; **g:** 45,24 €; **h:** ≈ 51,98 €; **i:** ≈ 470 €; **j:** ≈ 11,17 €;
**k:** ≈ 0,03 €; · **l:** ≈ 9,62;

**Seite 85, Nr. 2:** **a:** 4 000 €; **b:** 9 500 €; **c:** 400 000 €; **d:** 60 000 €; **e:** 2 500 €;
**f:** 45 000 €; **g:** 200 000 €; **h:** 117 500 €; **i:** 20 000 €; **j:** 800 000 €;

**Seite 86, Nr. 3:** **a:** 2 %o; **b:** 3,5 %o; **c:** 3,2 %o; **d:** 5,5 %o; **e:** 30 %o;
**f:** 8 %o; **g:** 8,4 %o; **h:** 18 %o; **i:** 9,5 %o; **j:** 9,9 %o;

**Seite 87, Nr. 4:** **a:** 66,75 €; **b:** 1,7 %o; **c:** 98 900 €; **d:** 539,60 €; **e:** 2,5 %o;
**f:** 110 000 €; **g:** 215 €; **h:** 170 000 €; **i:** 91,25 €;
**j:** 2,45 %o; **k:** 111 000 €; **l:** 172,05 €;

**Seite 88, Nr. 1:** 1 595 €;

**Nr. 2:** 1,5 %o;

**Seite 89, Nr. 3:** 60 000 €;

**Nr. 4:** 33 000 €;

**Seite 90, Nr. 5:** 7,2 %o;

**Nr. 6:** Herr Clemens: 3,9 %o; Herr Danke: 4,1 %o;
Herr Clemens ist günstiger versichert;

**Seite 91, Nr. 7:** **a:** Hausratversicherung: 3,7 %o;
**b:** Prämie für die Haftpflichtversicherung: 90 €;
Versicherungssumme: 1 Million €;

**Nr. 8:** Aktienwert: 113 890 €; Provision: ≈ 170,84 €;

**Seite 92, Nr. 9:** **a:** 408 000 €; **b:** ≈ 88,33 €; **c:** 18,74 €;

**Seite 93,** **Nr. 10:** Schreinerei: 33,75 €;     Lager: 192,50 €;     Wohngebäude: 102 €;
Gesamt: 328,25 €;     Versicherungssteuer: 32,83 €;
Gesamtzahlung: ≈ 366,08 €;

**Seite 94,** **Nr. 11:** Mobiliar: 56,25 €;     Werkstatt: 150 €;     Gebrauchtwagen: 187,50 €;
Gesamt: 393,75 €;     Versicherungssteuer: ≈ 39,38 €;
Gesamtzahlung: 448,13 €;

**Seite 95,** **Nr. 12:** **a:** 27 g;     **b:** 406 g;

# Anhang

## Grundaufgaben zur Zinsrechnung:

### Zinsen (Z) gesucht:

Franz hat 750 € auf dem Sparbuch. Die Bank gewährt ihm 3 % Zinsen. Wie viel € Zinsen erhält er nach 5 Monaten?

100 % = 750
  1 % = 7,50
  3 % = 7,50 • 3 = 22,50 [€] (Jahreszinsen)
Zinsen für 5 Monate: 22,50 : 12 • 5 = **9,38 [€]**

Familie Krause nimmt ein Darlehen in Höhe von 30 000 € auf und zahlt dafür 7,5 % Zinsen. Wie viel Zinsen müssen sie in 220 Tagen zahlen?

100 % = 30 000
1 % = 300
7,5 % = 2 250 [€] (Jahreszinsen) Zinsen für 220 Tage: 2 250 : 360 • 220 = **1 375 [€]**

### Kapital /Darlehen (K) gesucht:

Petra erhält am Ende des Jahres 36 € Zinsen auf dem Sparbuch gutgeschrieben. Das sind 3 %. Wie hoch war die Spareinlage?

  3 % = 36
  1 % = 36 : 3 = 12
100 % = 12 • 100 = **1 200 [€]**

Herr Schneller zahlt bei einem Zinssatz von 9 % in 100 Tagen 450 € Zinsen. Wie hoch ist das Darlehen?

Jahreszinsen: 450 : 100 • 360 = 1 620 [€]
  9 % = 1 620
  1 % = 1 620 : 9 = 180
100 % = 180 • 100 = **18 000 [€]**

## Zinssatz (p) gesucht:

Stefan bekommt für 250 € auf dem Sparbuch am Ende des Jahres 6,25 € Zinsen gutgeschrieben. Wie viel % sind das?

100 % = 250
  1 % = 250 : 100 = 2,50
6,25 : 2,50 = **2,5 [%]**

Frau Mehrlich zahlt für einen Kredit in Höhe von 30 000 € in 7 Monaten 1 400 € Zinsen. Welcher Zinssatz ist vereinbart?

Jahreszinsen: 1 400 : 7 • 12 = 2 400 €
100 % = 30 000
  1 % = 30 000 : 100 = 300
2 400 : 300 = **8 [%]**

## Zeit (t) gesucht:

Klaus erhält für sein Sparguthaben (620 €) bei 3 % eine Zinsgutschrift in Höhe von 17,05 €. Wie viele Monate war das Geld auf der Bank?

100 % = 620
  1 % = 620 : 100 = 6,20
  3 % = 6,20 • 3 = 18,60
Zinsen für einen Monat: 18,60 : 12 = 1,55
Berechnung der Zeit: 17,05 : 1,55 = **11 [Monate]**

Familie Müssig zahlt für den Kredit in Höhe von 19 800 € bei 2,6 % Zinsen in Höhe von 300,30 €. Wie viele Tage war das Geld ausgeliehen?

100 % = 19 800
  1 % = 19 800 : 100 = 198
 2,6 % = 198 • 2,6 = 514,80
Zinsen für einen Tag: 2 178 : 360 = 1,43
Berechnung der Zeit: 300,30 : 1,43 = **210 [Tage]**

## Zinsformeln:

für t = Monate:

$$Z = \frac{K \cdot p \cdot t}{100 \cdot 12}$$

$$K = \frac{Z \cdot 100 \cdot 12}{p \cdot t}$$

$$p = \frac{Z \cdot 100 \cdot 12}{K \cdot t}$$

für t = Tage

$$Z = \frac{K \cdot p \cdot t}{100 \cdot 360}$$

$$K = \frac{Z \cdot 100 \cdot 360}{p \cdot t}$$

$$p = \frac{Z \cdot 100 \cdot 360}{K \cdot t}$$

## Grundaufgaben zur Promillerechnung:

## Promillewert gesucht:

Familie Kneller schließt eine Hausratversicherung in Höhe von 65 000 € ab. Sie zahlt 3,5 ‰ Prämie. Wie viel € muss sie jährlich an Prämie zahlen?

1000 ‰ = 65 000
   1 ‰ = 65 000 : 1000 = 65
 3,5 ‰ = **227,50 [€]**

## Grundwert gesucht:

Ein Immobilienmakler erhält für den Verkauf eines Hauses 3,5 ‰ Prämie vom Verkaufspreis. Das sind 1 645 €. Wie teuer wurde das Haus verkauft?

 3,5 ‰ = 1645
   1 ‰ = 1645 : 3,5 = 470
1000 ‰ = 470 · 1000 = **470 000 [€]**

## Promillesatz gesucht:

Eine Straße steigt auf einer Länge von 2,5 km um 37,50 m. Wie viel Promille Steigung hat die Straße?

1000 ‰ = 2 500
   1 ‰ = 2500 : 1000 = 2,5
37,50 : 2,5 = **15 [‰]**

# BEI GRIN MACHT SICH IHR WISSEN BEZAHLT

- Wir veröffentlichen Ihre Hausarbeit,
  Bachelor- und Masterarbeit

- Ihr eigenes eBook und Buch -
  weltweit in allen wichtigen Shops

- Verdienen Sie an jedem Verkauf

Jetzt bei www.GRIN.com hochladen
und kostenlos publizieren